[爱尔兰] 戴维·弗兰纳里 著
郑炼 译

2的平方根

关于一个数与一个数列的对话

上海科技教育出版社

图书在版编目(CIP)数据

2 的平方根:关于一个数与一个数列的对话 /
(爱尔兰)戴维·弗兰纳里著;郑炼译. —上海:上海
科技教育出版社,2022.3(2024.12 重印)
(数学桥丛书)
书名原文:The Square Root of 2:A Dialogue Concerning
a Number and a Sequence
ISBN 978-7-5428-7713-0

Ⅰ.①2… Ⅱ.①戴… ②郑… Ⅲ.①数列—普及读物
Ⅳ.①0171-49

中国版本图书馆 CIP 数据核字(2022)第 026407 号

责任编辑 李 凌 郑丁葳
封面设计 符 劼

数学桥 丛书
2 的平方根——关于一个数与一个数列的对话
[爱尔兰]戴维·弗兰纳里 著
郑 炼 译

出版发行 上海科技教育出版社有限公司
(上海市闵行区号景路 159 弄 A 座 8 楼 邮政编码 201101)
网 址 www.sste.com www.ewen.co
经 销 各地新华书店
印 刷 上海颛辉印刷厂有限公司
开 本 720×1000 1/16
印 张 19.25
版 次 2022 年 3 月第 1 版
印 次 2024 年 12 月第 3 次印刷
书 号 ISBN 978-7-5428-7713-0/O·1152
图 字 09-2008-615 号
定 价 78.00 元

先生，如果您希望有一本书陪伴您旅行，请带上一本科学书。当您读完一本休闲书，您浏览了内容，除此以外一无所获；而一本科学书则能给予您很多很多……

——詹姆斯·博斯韦尔

《与塞缪尔·约翰逊同游赫布里底群岛记》

序　言

在我撰写本书的时候，我想象这是一位“老师”与一位“学生”的对话——老师人到中年，不仅精通数学，而且十分敬业，就像艺术家对他的艺术一样，对自己的工作充满热情；学生即将成年，他表达清晰，勇于探索，渴望更博学的老师所给予的任何知识。当您预备阅读本书时，也请您作这样的理解。

他们的对话——我没有描写确切的场景——是老师创设的，目的之一是让学生体会数的概念远比最初能想见的微妙得多。他们的数学之旅始于老师用一系列问答引导学生，通过一个漂亮而又简单的几何范例（据信产生于古代印度），建立了一个确定的数的存在性，而关于这个数的性质的知识就必然是随后问答二重奏的基本内容。

老师的高明之处在于他希望学生领略一点数学的奥秘，更在于他能引导学生一步一步逐渐熟悉数学推理，在自己“发现事物”的过程中体验纯粹的快乐。正开始探索的年轻的学习者很快感受到发现的喜悦，经过一番探索与努力，他遇见一个数列，他猜想这个数列与老师所展示出来的神奇的数有密切的联系，这对他来说是弥足珍贵的奖励。为这个幸运的发现所诱惑，强烈的好奇心驱使他迫不及待地投入工作，去更多地了解这个数，了解这个数与已令他着迷的数列间的联系。这本共有五章的书便由此开始。

我尽力使前四章具有独立性。当日常语言能达到同样目的时我避免使用数学记号，虽然语言叙述略显冗长。数学记号的运用不超出最简单的高中代数的范围，但表达方式明显反映对这个数学分支的需要。所使用的代数方法是简单的，但经常是巧妙的，显示运用少量工具和技巧能够做那么多事。倘若读者能因此而欣赏代数——在一般意义下证明的功能——本书的写作就不枉然。

遗憾的是，若要保持第五章完全独立，就不得不舍弃若干精彩的材料，这实在不是我的意愿，我宁可努力将这些材料献给勤奋的读者，希望他们能充分领会这些材料的实质。

在本书中，为区别对话的双方，将采用以下的印刷方式：

老师的声音——自信、柔和而令人信服——设置为这样的黑体字，并靠近页面左侧。

学生的声音——恭敬，热切而又好奇——设置为这种轻快的字体，在页面上略微右移。

老师与学生间的对话，理应既严肃又活泼，我希望本书的读者能够从这篇对话中体会寓教于乐的态度和精神。

戴维·弗兰纳里

2005年9月

目　　录

第 1 章　提出恰当的问题

请你画一个正方形,使它由四个单位正方形组成。

单位正方形就是每条边都是一个单位长的正方形吧?

是啊。

好,这应该并不很困难。

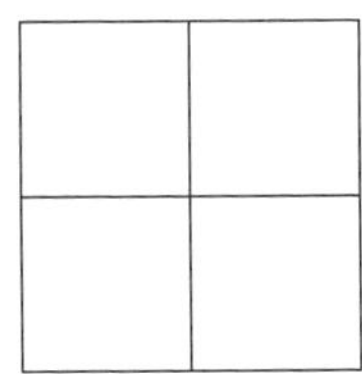

图 1

用它来做什么呢?

很好。现在让我在你画的图上添上如下的对角线。

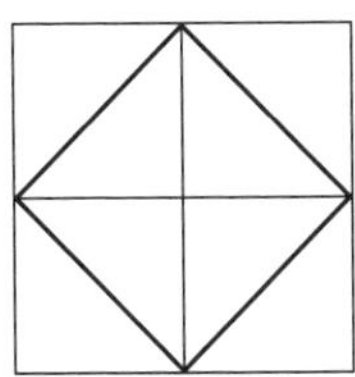

图 2

你看,这样就形成一个新的正方形。

我看见了。这个正方形以四个单位正方形的对角线作为它的四条边。

让我们给这个正方形打上阴影，并称它为“内”正方形。

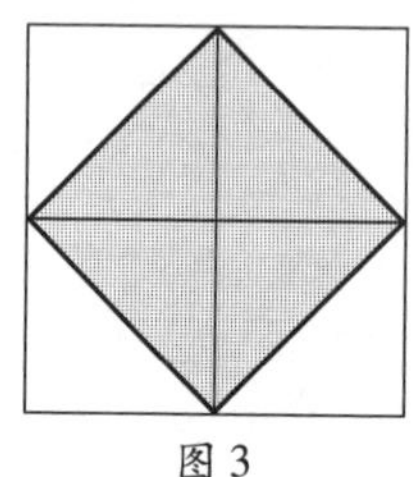

图 3

现在请你告诉我，这个内正方形的面积是多少。

让我想一想。这个内正方形恰好包含每个单位正方形的一半，它的面积应该是大正方形面积的一半。所以它的面积是 2 平方单位。

不错。那么，作为内正方形边的那些对角线的长是多少呢？

我一时答不出。我只知道，要求一个矩形的面积，应该用它的长乘以它的宽。

你所说的“长乘以宽，”其实就是用一条边的长乘以另一条与它相交成直角的边的长。

对正方形来说，因为它的长与宽相等，所以它的面积就应该是它的边长乘以自身。

你说得对。

但这对我有什么用呢？我还是不知道它的边长是多少。

的确如此。不过，如果我们用 s 表示一条边的长度，那么关于 s 你能说些什么呢？

我猜想，如果不引入字母，接下来我们就无法讨论了吗？

也能讨论，不过那样的话，讨论将更加冗长，超出了问题的需要。顺便问一句，为什么我选择 s 这个字母？

因为它是“边”①这个单词的第一个字母吗？

① “边”的英文单词是 side。——译注

回答正确。用单词的第一个字母代表你所寻找的那个量是通用的方法。

这样，s 就表示内正方形的边长。我希望你不要让我去做代数运算。

只有很少量的代数运算——偶尔需要。关于数 s，现在你能告诉我些什么？

用 s 去乘以它自身，就得到 2。

正确，因为内正方形的面积是 2（平方单位）。你还记得 $s \times s$ 经常被写作 s^2 吗？

记得。我的代数学得没有那么糟糕。

于是你说数 s"满足"方程

$$s^2 = 2$$

也就是说"s 的平方等于 2"。

数 s 乘以它自身等于 2。是否就称 s 为 2 的平方根？

是的，不过说 s 是 2 的一个平方根更准确。如果一个数乘以自身得到另一个数，就称这个数为另一个数的一个平方根。

因为 $3 \times 3 = 9$，所以 3 是 9 的一个平方根。

因为 $(-3) \times (-3) = 9$，所以 -3 也是 9 的一个平方根。

不过大多数人会说 9 的平方根是 3。

不错。称一个数的正的平方根为这个数的平方根是一个习惯。因为 s 是一个正方形的边长，它显然是一个正的量，所以我们可以说……

……s 是 2 的平方根。

有时我们也简单地说"根号 2"，应把它理解为 2 的平方根之一。

没有其他的方根，比如说立方根吗？

有的。现在，3 是 9 的平方根这个事实，经常用数学记号表示为 $\sqrt{9} = 3$。

我一直喜欢用这个记号表示平方根。

1525 年，一个名叫克里斯托夫·鲁道夫（Christoff Rudolff）的人，在他的著作《未知量》（*Die Coss*）中首次使用这个记号，不过我不打算深究

他选择这个记号的原因。

我们能不能与 s 说再见，从现在起用$\sqrt{2}$来代替它？①

如果我们希望这样，当然可以，但既然 s 能帮助我们达到目的，我们将继续使用它。

现在我们已经说明了单位正方形对角线的长是$\sqrt{2}$。

的确如此。表明 2 的平方根存在性的这种好方法起源于几千年前的印度。②

不得不承认，这种方法相当简明。

它给我们留下了深刻的印象。

那么，$\sqrt{2}$是什么数呢？

正如方程 $s^2=2$ 所反映的，s 是这样一个数，它乘以自身准确地等于 2。这与等式

$$\sqrt{2}\times\sqrt{2}=2$$

的意义完全相当：$\sqrt{2}$是乘以自身得到 2 的那个数。

这我明白，但$\sqrt{2}$到底代表什么数呢？我的意思是，$\sqrt{16}=4$，而4，我可以称它为一个实实在在的数。

我懂你的意思。你给了我 $\sqrt{16}$ 的一个具体的值，就是 4 这个数。你希望我对$\sqrt{2}$做同样的事，给你一个你所熟悉的那种数，而它的平方是 2。

确实如此。我就是问使 $s^2=2$ 的那个 s 的具体的值是什么。

可以很容易地使你相信，$\sqrt{2}$不是一个自然数。

自然数就是通常用来计数的那些数，1，2，3，一直数下去。

正是。

但 2 自身就是一个自然数呀！自然数 9 和 16 的平方根不都同样是自然数吗？

不错，9 和 16 的平方根都同样是自然数。

① 见本章注释 1。——原注

② 见本章注释 2。——原注

而你说2没有自然数的平方根。

没错。有一种方法可以让你目睹这个结论，就是将最初的几个自然数按递增顺序排成一行，而在它们下面的第二行写出这些自然数对应的平方数：

1	**2**	**3**	**4**	**5**	**6**	**7**	…
1	**4**	**9**	**16**	**25**	**36**	**49**	…

每行最后的三点，或者说省略号，表示按这个方式写下去，永不停止。

好，我立刻发现第二行中没有出现2。

还有下面这些数也没有出现

3，5，6，7，8，10，11，12，13，14，15，17，…

我敢说，还有比这更多的自然数在第二行中没有出现。

是的，就某种意义说，"大多数"的自然数将缺席第二行。而那些出现在第二行的数1，4，9，16，…就是所谓完全平方数。

那些在第二行不出现的数都不是完全平方数吗？

对：49是完全平方数，而48就不是。

我想，现在我已经明白为什么没有一个自然数的平方是2了。因为第一个自然数的平方是1，而第二个自然数的平方是4，这样2就被跳过了。

这就是问题的解释。

好。很明显，不存在平方是2的自然数，但总该有某个分数，它的平方是2吧？

说到分数，你是指一个整数被另一个整数除的普通分数吗？

这就是我所指的分数，譬如$\frac{7}{5}$。难道还有其他类型的分数吗？

有的，不过当我们说"分数"，就意味着一个整数被另一个整数除。被除数叫做分子，而除数叫做分母。

位于上面的那个数是分子，而居于下面的那个数是分母。

完全正确。在你举的例子中，整数7是分子，而整数5是分母。

难道没有与这个分数很接近的分数，它的平方恰好是2？

你为什么说接近这个分数？

因为我的计算器显示，$\frac{7}{5}$化为小数形式是 1.4；我把它自乘，得到 1.96，这个数已经相当接近于 2。

不错。让我来告诉你，如何不用计算器而借助一点小技巧来获得这个结果。因为

$$\left(\frac{7}{5}\right)^2 = \frac{49}{25} \overset{!}{=} \frac{50-1}{25} = \frac{50}{25} - \frac{1}{25} = 2 - \frac{1}{25}$$

所以我们可以说，分数$\frac{7}{5}$的平方比 2 小$\frac{1}{25}$。

根据我的计算器，$\frac{1}{25}=0.04$，这正好是 2 − 1.96。顺便问一句，你为什么在第二个等号上面打上感叹号？

为了表明这个步骤很巧妙。

我的确想不出这种做法，这真了不起。

好了，这不是我的首创。以往我曾见过不少类似的技巧，最终我明白了一点，而这就是我想说明的。

我至少能看出它为什么巧妙。

好。为什么呢？

把分子 49 写作 50 − 1，你就能用 25 去除 50 得到 2，再用 25 去除 1 得到$\frac{1}{25}$，而这正是$\frac{7}{5}$的平方比 2 小的那个数值。

不过只有当你的船搁浅在一个荒凉的海岛上，而你除了自己可怜的脑袋以外没有任何计算工具时，这才是一种有用的技巧。①

① 可称为“荒凉海岛数学”。——原注

数学就应该是自己做呀！我想，当你自己无法计算某个问题，而借助计算器求值，那是欺骗行为。

你是指像求$\sqrt{2}$的小数展开式这样的工作吗？

是的，与此类似的工作。我竭尽所能也找不到求$\sqrt{2}$的小数展开式的思路。

我认为，你是在做一件浪费精力的事。如果我们了解并且掌握如何“用手工”求得一个数的小数展开式的话，我们为节约人力而借助计算器，就不违背荒凉海岛数学——自己动手的原则。

你是说，因为我知道如何用长除法求$\frac{7}{5}$①或者$\frac{3}{11}$②的小数展开式，甚至于我都不打算弄清工作步骤，我也可以使用计算器以避免工作中“愚蠢的劳动”吗？

我想，我们将把这作为一种策略。我们假定，如果需要的话，我们能够对自己及其他内行和外行的人解释长除法。③

当然，我完全同意！

小数展开式，或者如我们通常简称的“小数”，它具有某些优势。一

①
```
      1.4
   5) 7.00
      5
      20
      20
      00
```
——原注

②
```
      0.0272…
  11) 3.000
      22
       80
       77
        30
        22
         80
         ⋮
```
——原注

③ 算法：一步一步地演算。——原注

个优势就是小数比与它相等的分数更容易反映一个数的大小。当一个数表示为小数形式时，能很轻易地用几何方式指出它在数直线①上的位置。不论这个数的小数展开式有多长，我们总能知道它位于这条数直线上哪两个整数之间：

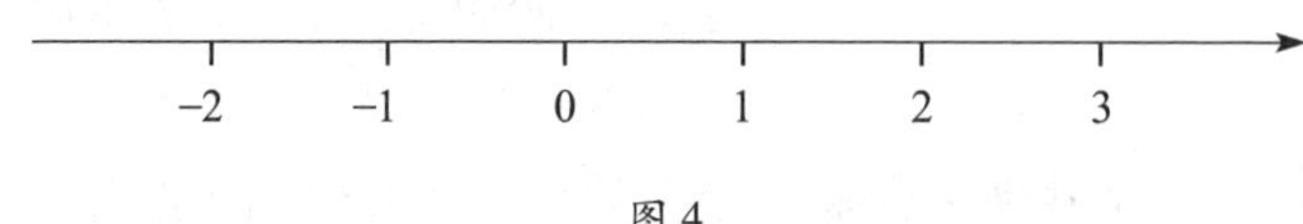

图 4

所以我们能够轻易地从 1.4 看出，它在 1 和 2 之间，反之，从分数$\frac{7}{5}$就不那么容易看出这一点。

分数$\frac{7}{5}$或许太简单了，不用费太多心思就能确定它在数直线上位于哪两个整数之间。但是，谁能不经过计算就说出分数$\frac{103993}{33102}$在数直线上的位置呢？

我同意你的说法，我看不出这个点应该落在哪里。

至于分数$\frac{7}{5}$，你可以拿一盒火柴，搭一个每边长为五根火柴的正方形。

这是否意味着五根火柴作为一个单位长度？

只要你愿意，你当然可以这样想。现在你将发现，沿对角线可以放上七根火柴：

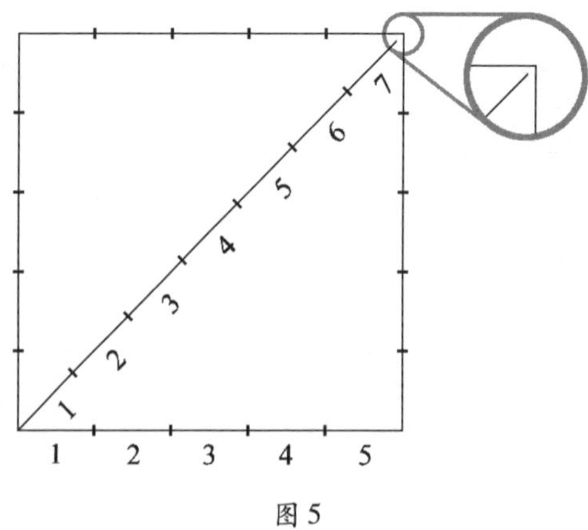

图 5

① 即数轴。——译注

但因为$\frac{7}{5}$要比$\sqrt{2}$小,所以七根火柴不能填满这条对角线。

这个差别几乎看不出来。

是的,但缝隙确实存在着。

这个简洁的方法形象地说明了$\frac{7}{5}$只是$\sqrt{2}$的一个近似值。

不错。这个方法还可以解释为比 7:5接近于比$\sqrt{2}:1$。现在我们说到哪儿啦?

我们正在寻找平方等于 2 的分数。

好,那就让我们继续搜寻。你有什么进一步的想法吗?

应该有比$\frac{7}{5}$稍微大一点的分数,它的平方恰好是$\sqrt{2}$。

的确有许多比$\frac{7}{5}$稍微大一点的分数。

是的。其中不是有无数个落在 1.4 和 1.5 之间吗?

不错,但"无数个"的问题我们留到后面再谈。为什么你要提到 1.5?

这是因为$(1.4)^2=1.96$ 比 2 小,而$(1.5)^2=2.25$ 比 2 大。

于是怎样呢?

这不就说明 2 的平方根位于这两个数值之间吗?

是的。事实上,因为 $1.5=\frac{3}{2}$,我们可以写作

$$\frac{7}{5}<\sqrt{2}<\frac{3}{2}$$

让我把这个算术"不等式"展示在数直线上:

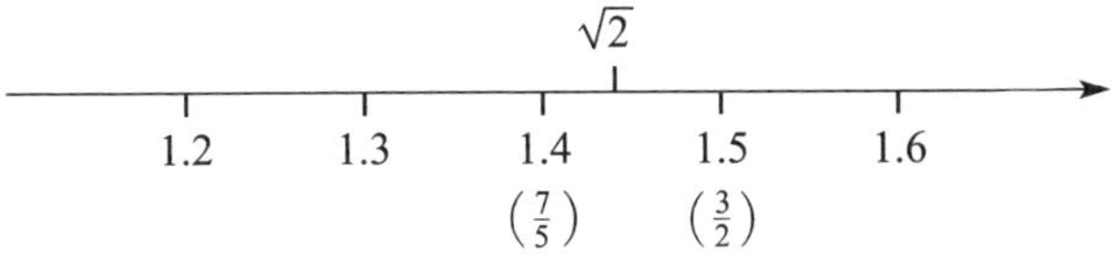

$$\sqrt{2}$$

1.2　1.3　1.4 $(\frac{7}{5})$　1.5 $(\frac{3}{2})$　1.6

图 6

应当指出,我把$\sqrt{2}$标注在 1.4 右面,离 1.4 比离 1.5 更近,这是因为$\frac{3}{2}$的平方比 2 大$\frac{1}{4}$,$\frac{7}{5}$的平方比 2 小$\frac{1}{25}$,而$\frac{1}{4}$要比$\frac{1}{25}$大。

但如果你不知道$\sqrt{2}$是怎样一个分数，你又如何把它标注在数直线上呢？

问得好。答案是可以借助于几何方法。

我倒想看看怎么做。

在区间 0 到 1 上，用几何方法作一个单位正方形，这应该不困难：

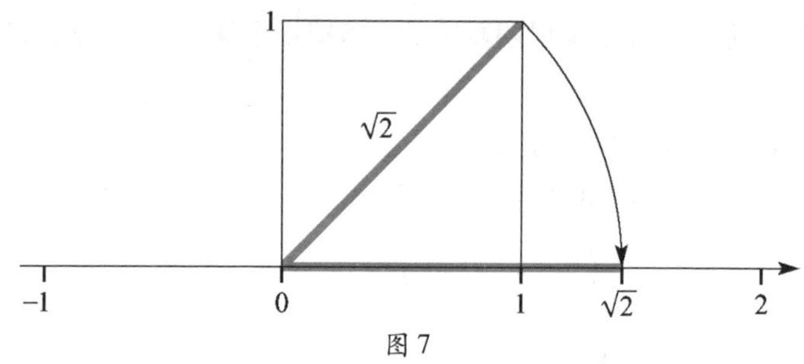

图 7

现在设想，正方形的那条一个端点在 0 而长为$\sqrt{2}$的对角线绕 0 点顺时针方向旋转，直到它的另一个端点落在数直线上。

这点到 0 的距离恰好是$\sqrt{2}$。太漂亮了。

当然，这就是作图的思想，它能精确地解决每一个问题。

我明白了。这是表示数的方法。

是的。

1.1 一次探究

回到我刚才的问题:在 1.4 和 1.5 之间那无数个分数中,应该有一个分数,它的平方恰好是 2。

好,如果有,你打算如何去寻找它?

这就是困扰我的问题。

如果没有任何计划,就开始一个接一个检查那无数个分数,这显然不明智。我相信你一定赞成我的观点。

完全赞成,那样做的话,工作将没完没了。你有什么建议吗?

关于这个问题,我有一个小小的建议,即能否找到某些规律性的方法来攻克它。

听起来好像我们准备去战斗。

是一场精神的战斗。让我们首先来考察把 $\sqrt{2}$ 这个数表示为一个分数到底具有什么含义。

这倒挺有趣。你打算怎样表示这个分数?

因为我们至少在目前还不了解它,所以我们必须保持开放的选择。一种方法就是使用确定的字母,一个表示分数的分子,另一个表示分母。

这就用上了代数方法。

只用一点儿,作为脚手架,用以开始我们的工作。

好的,不过,如果我听不明白,我可能打断你。

我们记这个分数的分子为 m,分母为 n。

这就是说,如果这个分数是 $\frac{7}{5}$ ——当然我知道它不是我们要找的分数——那么,m 将是 7 而 n 将等于 5。

或者换一种说法,如果 $m=7$ 而 $n=5$,则

$$\frac{m}{n}=\frac{7}{5}$$

我同意。

现在如果

$$\sqrt{2}=\frac{m}{n}$$

那么

$$\sqrt{2}\times\sqrt{2}=\frac{m}{n}\times\frac{m}{n}$$

有问题吗？

没有问题，你只是把原等式两边同时平方。

是的，而我这样处理的目的在于关注表达式$\sqrt{2}\times\sqrt{2}$。

根据定义，它是2。

是的，这是$\sqrt{2}$定义的一个简单却重要的应用，因此我们又可以写作

$$2=\left(\frac{m}{n}\right)^2$$

交换这个等式的左右两边，得到

$$\left(\frac{m}{n}\right)^2=2$$

重点放在分数$\frac{m}{n}$上。关于$\frac{m}{n}$，上面的等式说明了什么？

说明它的平方是2。

不错。又因为

$$\left(\frac{m}{n}\right)^2=\frac{m^2}{n^2}$$

我们可以说

$$\frac{m^2}{n^2}=2$$

或者说

$$m^2=2n^2$$

这个等式就是把$\sqrt{2}$写作$\frac{m}{n}$的结果吗？

正是。现在让我们看看，由此能引出些什么。

还是请你继续吧。

相信你很快就会参与进来。首先，$m^2=2n^2$告诉我们，如果我们希望

找到一个分数,它的平方等于 2,那么我们就必须找到两个完全平方数,其中一个是另一个的两倍。

什么是完全平方数?哦,想起来了,1,4,9,16,…

是的,完全平方数就是某个自然数的平方。

好,这个任务由我承担。

那就请吧。

我可以把最初的二十个平方数和它们的两倍列成一张表,看看能不能找到某个平方数,它的两倍恰等于另一个平方数。

很出色的计划。没有什么能比人们常说的“数的吱吱嘎嘎”①更能给人启发。

那当然,我打算运用计算器来提高我工作的速度。

这很自然,没有人怀疑你会用一个数乘以它自身。

这就是我获得的表:

自然数	平方数	平方数的两倍
1	1	2
2	4	8
3	9	18
4	16	32
5	25	50
6	36	72
7	49	98
8	64	128
9	81	162
10	100	200
11	121	242
12	144	288
13	169	338
14	196	392

① 指枚举法。——译注

15	225	450
16	256	512
17	289	578
18	324	648
19	361	722
20	400	800

这三列数依次表示前二十个自然数、它们的平方以及它们平方的两倍。

真了不起。我们可以这样认为,这里第二列是对应着 m^2 的数,而第三列则对应着形如 $2n^2$ 的数。

我不很明白你这话的意思。

我用例子来给你解释。我们可以认为第二列的数 196 是某一个 m^2,这里 $m=14$,我们又可以把第三列的数 450 看作 $2n^2$,这里 $n=15$。

让我来疏理一下思路,看是否弄清楚这种方法。我可以认为第二列的数 16 是某一个 m^2,这样 $m=4$,我又可以把第三列的数 648 对应于 $2n^2$,由 $2(18)^2=648$,得到 $n=18$。对吗?

非常优秀。现在,如果你能在第二列中找到一个数恰好等于第三列中的一个数,你也就找到了 m 和 n 的值,使 $m^2=2n^2$,这样,你也就找到了分数 $\frac{m}{n}$ 等于 $\sqrt{2}$。

如此简单吗?我只要交叉着手指,一只手指指着表中第二列,查看其中的每个数,而另一只手指由此往上检查第三列,寻找与它相等的数。

当然!这的确是一种省时的观察法。正如你所说,你只要向上检查,因为第三列中的数要比第二列中与它对应的那个数大。

很遗憾,我在第二列中没找到任何一个数能等于第三列中的某一个数。

这就是说,第二列和第三列中没有公共元素。

就表中我所见没有。我来试试再作一些计算,求出后续十个完全平方数以及它们的两倍。

好吧。

这次我得到：

自然数	平方数	平方数的两倍
21	441	882
22	484	968
23	529	1058
24	576	1152
25	625	1250
26	676	1352
27	729	1458
28	784	1568
29	841	1682
30	900	1800

我知道，这只是对前面那张表一个小小的补充。

可能是这样，这次你或许能找到相等的两个数。

让我浏览一下第二列的数，看有没有之前那张表或者新表的第三列中的数。

运气如何？

恐怕没有这样的数。不过我注意到，在第一张表里，有些数互相擦肩而过。

“擦肩而过”是什么意思？①

第二列中有些数，它或者比第三列中的某个数小1，或者比第三列中的某个数大1。

我有些好奇；请你仔细解释一下。

好，我取第二列中的数9。它就比第三列中的8大1。

不错。有其他例子吗？

① 一个发现？——原注

还有第二列中的49,它比出现在第三列中的50小1。

也正确。还有更多的例子吗?

是的,还有第二列中的289和第三列中的288。

再一次正确,如同你观察到的,它们之间的差是1。你还找到更多例子吗?

在这两张表里找不到了,当然,除了一开始的两个数,第二列中的1和第三列中的2。

的确,这也算一个。

但我不明白,是什么造成这种擦肩而过的情形。

无论如何,看来你发现了某种有趣的、发人深省的东西,那就让我们花一点时间来仔细研究你的观察吧。

我当然很乐意,只是你又得动脑筋了。

我们就看一看第二列中的9和第三列中的8这种情形。哪个数m对应于第二列中的9,又是哪个数n对应于第三列中的8?

让我想一想,我认为$m=3$而$n=2$。

回答正确。你的观察告诉我们,当$m=3$而$n=2$,有

$$m^2 = 2n^2 + 1$$

这是因为$3^2=2(2)^2+1$吗?

是的。现在让我们转而考虑第二列中的数49和第三列中的50这种情形。

因为$2(5)^2=2(25)=50$,所以这里$m=7$,$n=5$。

这一次,当$m=7$而$n=5$,有

$$m^2 = 2n^2 - 1$$

能不能让我试试下一种情形?

你尽管试吧。

数289对应于$m=17$,这是因为此时$m^2=289$。另一方面,数288对应于$n=12$,这是因为$2(12)^2=2(144)=288$。

无可挑剔。

这一次,$m=17$而$n=12$,有

$$m^2 = 2n^2 + 1$$

这样我们又回到大 1 的情形。

这些擦肩而过的数对中,大 1 和小 1 的情形似乎是交替出现的。

的确如此。为了使我们的工作完整,请你查看一下最初的情形。

你是说 1 在第二列而 2 在第三列的情形吗?

是的;从最初的情形说起。

好。这里 $m=1$, $n=1$。

在这种情形,m^2-2n^2 的值是什么呢?

这一次

$$m^2 = 2n^2 - 1$$

这种情形适合交替的模式吗?

适合。

这是很好的结果。

不过,回到我们当初列表的目的,在前三十个完全平方数中,我还没能找到一个平方数能等于另一个平方数的两倍。

不错,也就是说,你至今还未找到一个分数$\frac{m}{n}$,它的平方等于 2。但另一方面,你发现了几个非常有趣的分数。

我? 我想,我仅仅找到一些自然数对,它们彼此相差 1。

在某种意义上,你说得没错。但实际上你已经发现了具有这样性质的分数,它的分子的平方与分母平方的两倍相差 1。

我希望你再作些解释。

当然。你是否记得,当你观察到第二列中的 9 比第三列中的 8 大 1 时,我们曾说过,9 对应于 m^2,这里 $m=3$,而 8 对应于 $2n^2$,这里 $n=2$?

我记得。

并且在这种情形,$m^2-2n^2=1$。

没错。

现在如果我们构造一个分数

$$\frac{m}{n} = \frac{3}{2}$$

我们不就可以说，等式 $m^2 - 2n^2 = 1$ 告诉我们，这个分数分子的平方比它分母平方的两倍大 1 吗？

好像是这样。让我再想一想，哦，是的：$3^2 = 9$ 而 $2(2)^2 = 8$。

再作另一个尝试。问问你自己，"什么分数对应于你观察到的第二列中的 49 比第三列中的 50 小 1 这种情形？"

好的。这里 $m = 7, n = 5$，所以是分数 $\frac{7}{5}$，对吗？

对。现在，关于这个分数的分子和分母，你能说些什么？

分子的平方比分母平方的两倍小 1。

完全正确。

现在我明白了。你是说，每一次当我们观察到这种擦肩而过的现象，我们实际上就找到一个特殊的分数。

是的。你在寻找分子的平方等于分母平方两倍的分数；你一个都没找到，但你找到了这样的分数，它分子的平方与分母平方的两倍相差 1。

这是一种很好的解释。

经常有这样的事，当你寻找某样东西的时候，你却偶然发现了别的什么。

我想你可能会说，我发现了一件同样好的东西？

可以这样说，而且，这是对你工作的一个不错的回报。

事实上，我真想知道，除了刚才的四种情形，是否还有更多这样的例子，并且想看一看这种加 1 或减 1 的模式是否仍然成立。

但愿如此。为什么我们不再作一些探究呢？

我很乐意，但难道我们不坚持我们最初的目标，去寻找差是 0 的情形了吗？

说得好。寻找 m 和 n，使得 $m^2 = 2n^2$，就是要使得差 $m^2 - 2n^2$ 为 0。

谢谢。

然而我想，让我们就你观察到的擦肩而过的数再作些进一步的调查，特别是那些看来有可能的环节。

好的。我先扩充我的表格，然后再进行检查。

可以，不过，更仔细地观察那些你已经发现的东西，这应该是好的主意。

就像一个好的科学家那样。

的确如你所说。根据所列表格寻找数据，并仔细检查每条线索。

我这就去做。

1.2 深思

把具有上面所说性质的分数,从最小的开始,按递增顺序排起来,就有

$$\frac{1}{1},\frac{3}{2},\frac{7}{5},\frac{17}{12}$$

暂时就这么多了,但已经很吸引人。

它们隐藏着什么秘密吗?

正是。你能指出它们之间有什么联系吗?

这正是数列问题的一个难题,“数列中下一个数是什么?”而且看来这里更困难,因为数列中的数是分数而不是整数。

固然是一个难题,但我们曾经遇见过这些分数间的一个联系。

但不是为了解决现在的问题。

是的,和现在的问题有点相像。

我希望这是一个简单的难题。

要保持乐观,所以我建议你对自己说“这肯定很容易”,并且去寻找简单的联系。

是的,要保持乐观,但从何入手呢?

从检查数列中比较特殊的两项开始,往往比从数列最初的项开始考察更有效。

好的,根据你的建议,我想,如果我能发现

$$\frac{7}{5}和\frac{17}{12}$$

的一个联系,并且认准这一点,我将在前面的分数中验证它。

非常明智。这将是一次有趣的狩猎。

我想,我将首先考察分数$\frac{17}{12}$的分母12。

按一条确定的线索去提问,看能获得些什么。

我已经有了一些发现。

发现了什么?

$12 = 7 + 5$,看来后一个分数的分母好像是前一个分数分子与分母的和。

如果这是正确的,那将是一个重大突破。应该说,你的工作进展相当快。

我必须检查数列

$$\frac{1}{1},\frac{3}{2},\frac{7}{5},\frac{17}{12}$$

的前几项,看看这个规则对于它们的分母是否同样成立。

祝你好运。

但显然我无法检查第一个分数$\frac{1}{1}$。

为什么不能?

因为在它之前再没有分数。

这是一个很好的理由。

第二个分数$\frac{3}{2}$,它的分母是2,这恰恰是第一个分数$\frac{1}{1}$的分子1与分母1的和$1+1$。这真是扣人心弦。

很好。那么第三个分数$\frac{7}{5}$又如何呢?

好的,$\frac{7}{5}$先生,让我看看你是否适合这个推测。你的分母是5,而前面一个分数$\frac{3}{2}$分子与分母的和是$3+2$,我很高兴,它的确等于5。这真是意想不到!

真了不起!现在,关于分子,是不是相应地也有一个简单的规则呢?

但愿如此,发现分母的规则给了我很大的自信。

没有比自信更重要的东西了。

是的。回到我们的表。分数$\frac{17}{12}$的分子17,与前一个分数$\frac{7}{5}$中的7和5这两个数,有什么联系吗?

如果有的话,这种联系一定很奇妙。

如果我没错的话，它们有联系。这个联系可以简单地表示为 $17=7+(2\times5)$。

很好，你找到关键了，尽管不像分母的规则那么简单。

但仍然够简单的。

一旦你发现了它，就不难了。你如何解释这个规则？

那不就是说，后一个分数的分子是把前一个分数的分子加上前一个分数分母的两倍而得到的吗？

没有异议。不过你最好对其他分数再检查一下这个规则。

因为 $3=1+(2\times1)$，所以这个规则对分数 $\frac{3}{2}$ 有效，又因为 $7=3+(2\times2)$，所以这个规则对 $\frac{7}{5}$ 也成立。

好极了。那么你打算怎样总结整体的规则，说明如何由一个分数到达下一个分数？

好，一般的规则可以通过把分母的规则与分子的规则结合起来而得到，看来应该是：

> 为求得后一个分数的分母，应把前一个分数的分子与分母相加；为求得后一个分数的分子，应把前一个分数的分子与分母的两倍相加。

做得好！这是一个非常明确的规则。

不惊讶吗？

很惊讶。毕竟没有理由认定这些分数间有什么联系，你能发现一个联系，而且简单明了，这确实了不起。

现在我应该把这个一般规则应用于 $\frac{17}{12}$，看会得到什么分数，并看这个分数分子的平方减去分母平方的两倍是否得到 1 或者 -1。

但愿这个性质能成立。

按照规则，下一个分数的分母是 $17+12=29$，而分子是 $17+2\times12=41$，于是，这个分数是 $\frac{41}{29}$。

好。现在我们希望有什么结果？

根据此前四个分数所显示的模式，$(41)^2-2(29)^2$ 应该等于 -1。

算算看，这是很关键的。

运算是这样的：

$$41^2-2(29)^2=1681-2(841)=1681-1682=-1$$

这真是太棒了！

这样你就找到又一个完全平方数，它与另一个完全平方数的两倍相差1——而这种迂回调查的全部意义，在于我们将*不必*麻烦地去扩充你最初的表格。

是的。看来，对我们所发现的四种情形，都已经认真周到地检查过了。

一个小小的思考能避免大量计算。

我知道，从我的表格无法发现这个例子，这是因为表格仅仅给出前三十个完全平方数和它们的两倍；但我们能不能断定在17与41之间再没有这样的数值 m，它的平方与另外某一个完全平方数的两倍相差1？

问得好。眼下不经过检查，我们的确不能断定。不管怎样，如果取17与41之间一个数值 m，那么任意分数 $\frac{m}{n}$ 都不满足上面的规则，当然这仍然不能排除存在这样数值的可能性。不过如果你去检查，你将找不到这样的数值。

我应该按规则计算，生成下一个分数，看它是否也满足我们称之为正或负1的性质。对 $\frac{41}{29}$ 运用规则，得到下一个分母为 $41+29=70$，下一个分子为 $41+(2\times29)=99$。

这样，$\frac{99}{70}$ 就是下一个要检查的分数。

我预言，在这种情况下 $m^2-2n^2=1$。计算

$$99^2-2(70)^2=9801-2(4900)=9801-9800=1$$

验证了我的预言。好极了！

好极了！现在如何？

显然，我们可以一次又一次反复运用这个规则，这就生成一个无穷数列，它的开头几项是

$$\frac{1}{1}, \frac{3}{2}, \frac{7}{5}, \frac{17}{12}, \frac{41}{29}, \frac{99}{70}, \cdots$$

是的，你可以运用这个规则生成无穷多个分数，但是……

显然不可能一一检查这些分数，我们怎么才能确信这个数列中所有分数都具有 m^2-2n^2 等于 1 或 -1 这个性质呢？

这是个问题。要回答这个问题的确比较困难。

我们能不能这样说，这里所列的仅仅是那些具有 1 或 -1 性质的分数？

哦，好一个真正数学的提问啊！如果你能这样来提问，你大可不必担心你学不好数学。

我不懂你说的话，通常我甚至不敢梦想提出这样的问题，不过此刻我满脑子都是这些特殊的分数。

啊，是的，我曾经读到过这样的话：要真正见识一个人真实的智慧，只有在他或她的兴趣被充分激发的时候。

也许明天我将不再关心，不过现在我确实想知道，按照这个规则生成的分数是否都具有正负 1 的性质，我还想知道，具有正负 1 性质的分数是否都能这样生成。

你的想法很好。在数学中，提问似乎是比较容易的事，而回答问题则比较困难。但是，提出恰当的问题是任何研究很重要的一部分，不论这种提问是数学的还是其他方式的。

一个好的侦探总是提出恰当的问题。

嗯，不管怎么说，到后来总会这样。

但你能不能告诉我，我的问题有没有答案；如果有的话，答案是什么呢？

答案是有的，但我现在不打算告诉你。我不想抢走你自己尝试回答这些问题带给你的乐趣，往后你能体会到这种乐趣。

让我一个人承担工作,那恐怕还遥遥无期。

我会留意的。不管怎样,你已经为进一步的探索开辟了广阔的道路,你已经观察到有一个平方数的两倍与另一个平方数的差是正负1,还有你新近发现的规则,我们很快会回过头来讨论这两个问题。

那么现在将转向我们最初的考察吗?

暂时还不行。

1.3 逼近$\sqrt{2}$

在离开

$$\frac{1}{1},\frac{3}{2},\frac{7}{5},\frac{17}{12},\frac{41}{29},\frac{99}{70},\cdots$$

这些分数之前,让我告诉你它们是如何联系于$\sqrt{2}$这个数的。

尽管它们之中没有一个是$\sqrt{2}$?

是的。但它们中的每一个都可以理解为$\sqrt{2}$的一个近似值。事实上,每个分数相继给出比前一个分数更接近于$\sqrt{2}$的近似值。

请你不要介意我这样说,我更感兴趣的是寻找精确地等于$\sqrt{2}$的分数,而不是$\sqrt{2}$的近似值。但不管怎么说,这总更好。

我很欣赏你坚持不懈地寻找的态度,但是请花一点儿时间听我说,我能告诉你,我们怎样简单而巧妙地利用这些分数,在数直线上逼近表示$\sqrt{2}$的那个位置。

好的。或许我能从中学到某些东西,帮助我继续探寻。

可能;我们来寻找一切能够找到的线索。现在我们知道

$$\begin{aligned}1^2&=2(1)^2-1\\3^2&=2(2)^2+1\\7^2&=2(5)^2-1\\17^2&=2(12)^2+1\\41^2&=2(29)^2-1\\99^2&=2(70)^2+1\end{aligned}$$

是的。

这些等式的形式是

$$m^2=2n^2-1$$

与

$$m^2=2n^2+1$$

两种情形交替出现。

我同意。而且我敢打赌，这种在 -1 和 1 之间的跳跃将永远继续下去，只是不知道该如何证明。

现在让我们用下面每个等式的两边除以相应的 n^2 的值

$$1^2 = 2(1)^2 - 1$$

$$3^2 = 2(2)^2 + 1$$

$$7^2 = 2(5)^2 - 1$$

$$17^2 = 2(12)^2 + 1$$

$$41^2 = 2(29)^2 - 1$$

$$99^2 = 2(70)^2 + 1$$

得到

$$\left(\frac{1}{1}\right)^2 = 2 - \frac{1}{1^2}$$

$$\left(\frac{3}{2}\right)^2 = 2 + \frac{1}{2^2}$$

$$\left(\frac{7}{5}\right)^2 = 2 - \frac{1}{5^2}$$

$$\left(\frac{17}{12}\right)^2 = 2 + \frac{1}{12^2}$$

$$\left(\frac{41}{29}\right)^2 = 2 - \frac{1}{29^2}$$

$$\left(\frac{99}{70}\right)^2 = 2 + \frac{1}{70^2}$$

你认可吗？

我正在想。我还在心算，用 2^2 除第二个等式的两边，就是把它放在 3^2 的下面，把它们的组合 $\frac{3}{2}$ 放在一个括号里，外面写上指数 2。

你可以算算看，不过这些都是合理的。

因为是你做了这些工作，所以我认可它们，不过当分数和指数一起出现，我还是有点懵，所以反应比较慢。但无论如何，现在我很乐意接受最后这些等式。

这种简单而又巧妙的想法给了我们这些包含了很多信息的等式。这些等式依次告诉我们每一个分数的平方与 2 有多接近。你知道为什么吗?

关于这个问题,我得花点儿时间。等式

$$\left(\frac{17}{12}\right)^2 = 2 + \frac{1}{12^2}$$

告诉我们什么呢?告诉我们$\frac{17}{12}$的平方等于 2 再加上分数$\frac{1}{144}$吗?

是的。还有什么?

因为$\frac{1}{144}$很小,所以$\frac{17}{12}$是$\sqrt{2}$的一个不错的近似值。

很不错。

现在我明白了为什么近似值越来越好。因为在这一列等式中,越往下,等式最右边的分数就越小。

正确,所以呢?

所以左边相应分数的平方就越来越接近于 2,而这就意味着这些分数本身越来越接近于$\sqrt{2}$。

非常出色。不过我们还能说得更多。

还能说什么?

我们还能说,间隔出现的分数

$$\mathbf{\frac{1}{1}, \frac{7}{5}, \frac{41}{29}}$$

是$\sqrt{2}$的三个不足近似,但每一个都比前者更接近$\sqrt{2}$。

每个等式中最后那个分数前面的负号告诉我们,这些分数的平方都要比 2 小一些。

正是。分数$\frac{1}{1}$是这些分数中最小的,而$\frac{41}{29}$是最大的:

$\sqrt{2}$

1... ...2

$\frac{7}{5}$ $\frac{41}{29}$

图 8

很快你就会理解，为什么我要把这个点标注出来。

而另一方面，我们跳过三个分数

$$\frac{3}{2}, \frac{17}{12}, \frac{99}{70}$$

它们是$\sqrt{2}$的三个过剩近似，但越来越接近$\sqrt{2}$。

又一次正确。这三个分数平方以后，得到 2 加上一个正数。应该指出，这时第一个分数最大而最后一个分数最小。

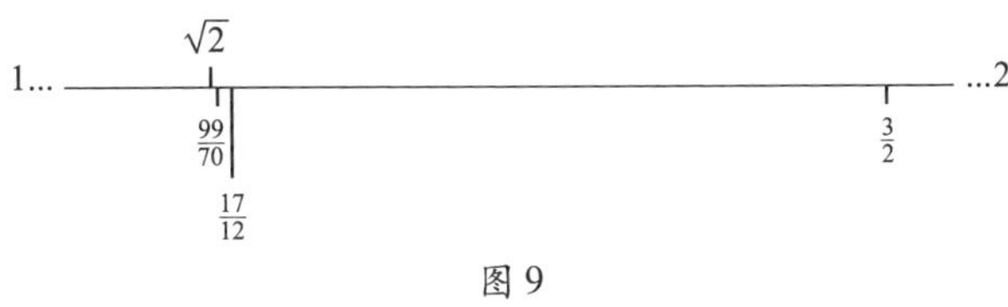

图 9

这与此前的情形相反。

我想，我看出你的用意了。不足近似从左面逼近$\sqrt{2}$，而过剩近似则反过来从右面逼近$\sqrt{2}$。

是的，当我们把六个分数同时表示在数直线上，我们就看到。

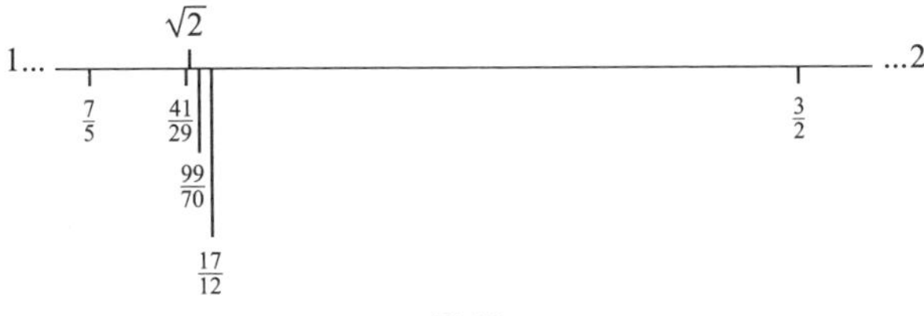

图 10

下面是总结这个信息的一种方法：

$$\mathbf{\frac{1}{1} < \frac{7}{5} < \frac{41}{29} < \sqrt{2} < \frac{99}{70} < \frac{17}{12} < \frac{3}{2}}$$

我知道，关于数列中跟在最初六个分数

$$\frac{1}{1}, \frac{3}{2}, \frac{7}{5}, \frac{17}{12}, \frac{41}{29}, \frac{99}{70}$$

之后的那些分数，我们还没有作任何说明，但看来，第一个分数是数列中最小的分数，而第二个分数则是数列中最大的分数。

这又是一个有意义的观察。

如果是这样，那么所有的分数，除了$\frac{1}{1}$之外，都大于等于$1.4=\frac{7}{5}$，同时又小于等于$1.5=\frac{3}{2}$。

看来的确如此。

于是，因为具有正负1的性质，作为$\sqrt{2}$不足近似和过剩近似的分数就交替出现。

是的。实际上，作为$\sqrt{2}$不足近似和过剩近似的分数交替出现是很有用的，我们可以利用它们，把$\sqrt{2}$放置在数直线上一个比一个更小的区间之中。

仿佛是在逼近$\sqrt{2}$。

可以这样说。例如，取$\sqrt{2}$左边的分数$\frac{7}{5}$和$\sqrt{2}$右边的分数$\frac{3}{2}$，我们就得到不等式

$$\frac{7}{5}<\sqrt{2}<\frac{3}{2}$$

这是你早已知道的。

我早先提到过吗？

是的，你说1.4的平方小于2而1.5的平方大于2。

这纯粹是偶然的。

可能是这样，或者说是一种深刻的数学直觉的表现。

毫无疑问，现在我们可以改善这个结果。我们有

$$\frac{41}{29}<\sqrt{2}<\frac{99}{70}$$

正确。但因为我们不知道如何计算

$$\frac{99}{70}-\sqrt{2}$$

所以至少在目前，我们还无法用分数或者小数来精确刻画$\frac{99}{70}$与$\sqrt{2}$有多接近。

我们只要找到这个分数，它就是$\sqrt{2}$本身，那么上面的问题也就解决了。

不错，但此刻我们还不知道这个分数。我们仍然只能估算$\frac{99}{70}$与$\sqrt{2}$有多接近。

怎么估算呢？

我们想象在放大镜下观察$\frac{41}{29}$与$\frac{99}{70}$之间的这个区间：

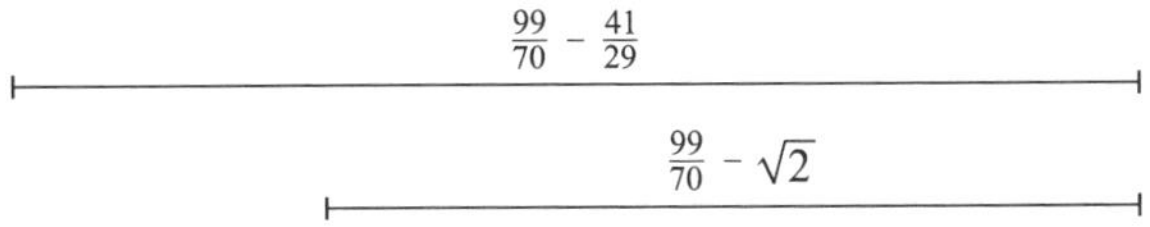

图 11

这个观察也许并没有惊人之处，但现在我们至少可以说，$\sqrt{2}$与$\frac{99}{70}$的距离小于从$\frac{41}{29}$到$\frac{99}{70}$这个区间的长度，而$\sqrt{2}$就在这个区间里。

从你刚才所画的图来看，这是显然的。

事实上，由于我们知道$\frac{99}{70}$比$\sqrt{2}$大，而且比$\frac{41}{29}$更接近于$\sqrt{2}$，所以我们可以说，$\frac{99}{70}$与$\sqrt{2}$的距离小于从$\frac{41}{29}$到$\frac{99}{70}$这个区间长度的一半。

是的；简单而又巧妙。

$\frac{41}{29}$与$\frac{99}{70}$之间这个区间的长度是

$$\frac{99}{70}-\frac{41}{29}=\frac{(99\times29)-(70\times41)}{70\times29}=\frac{1}{2030}$$

很狭窄的区间。

因为 2030 比 2000 大，所以分数$\frac{1}{2030}$比$\frac{1}{2000}$小。这样，区间长度就小于

$$\frac{1}{2000}=0.0005$$

小于单位长度的万分之五。

是的，这就意味着

$$\left(\frac{99}{70}-\sqrt{2}\right)<\frac{0.0005}{2}=0.00025$$

经过少量计算就得到这个估计，它表明$\frac{99}{70}$与$\sqrt{2}$的距离小于0.00025。

非常出色。

为什么你不运用你的规则说明在数列

$$\frac{1}{1},\ \frac{3}{2},\ \frac{7}{5},\ \frac{17}{12},\ \frac{41}{29},\ \frac{99}{70},\ \cdots$$

中，接下来的两项分别是

$$\frac{239}{169}\ 和\ \frac{577}{408}$$

并且验证 $239^2-2(169)^2=-1$，而 $577^2-2(408)^2=1$？

于是接下来的这两个分数也遵循正负 1 的模式。

是的，但这两个事实并不能说明再往后的分数将如何。

我能体会这一点。

不管怎样，你可以运用这两个新加入的分数，说明

$$\frac{1}{1}<\frac{7}{5}<\frac{41}{29}<\frac{239}{169}<\sqrt{2}<\frac{577}{408}<\frac{99}{70}<\frac{17}{12}<\frac{3}{2}$$

进一步瞄准$\sqrt{2}$所处的位置。简洁的数学语言能传递这么多信息，真是令人大开眼界！

是的，它能帮助我们在后面的工作中更好地观察。

我从以上工作中获得一个教训，搜寻一个准确等于$\sqrt{2}$的分数将是一段漫长的历程。

为什么？

刚才我们已经说明，数列

$$\frac{1}{1},\ \frac{3}{2},\ \frac{7}{5},\ \frac{17}{12},\ \frac{41}{29},\ \frac{99}{70},\ \frac{239}{169},\ \frac{577}{408},\ \cdots$$

中前六个分数不断改善对$\sqrt{2}$的近似，我猜想，这个数列中接下去的分数会进一步改善近似程度。

为了讨论，我们暂且假定是如此。

由前八项分子和分母的情形判断，我猜想，随着我们把数列不断写下去，分数的分子和分母将越来越长。

又是一个有趣的观察，后面我们将更详细地讨论这个问题。而目前你想要说明什么?

上面的结论启发我，那个准确地等于$\sqrt{2}$的分数可能具有很长的分子和分母，如果的确如此，寻找它将需要很长时间。

你说得有道理。

例如，即便$\sqrt{2}$等于分数$\frac{99}{70}$，它的分子和分母都还比较简单，我也得搜寻九十九个完全平方数才能确认。而如果$\sqrt{2}$等于分数

$$\frac{35150432379299856878291310769217176444686263884I}{24855109097042118972946947337281487102909300262 9}$$

……顺便说一句，它并不是$\sqrt{2}$，即便它与$\sqrt{2}$非常非常接近，你还是必须……

……在我有生之年永远搜寻下去。

1.4 古人所知道的

你打算放弃继续搜寻的念头了吗？

可能，但我还是希望能再核查几个平方数碰碰运气，尽管我体会到这是一种很不实际的方法。

无论你做多少工作，也无论你准备了世界上多强的计算机进行计算，你的搜寻工作也得不到你所期望的结果。

你说什么？

你不会获得成功，你的搜寻必定是徒劳。

你是说在1.4和1.5之间那么多个分数中，竟没有一个分数的平方准确地等于2吗？

千真万确。在这两个数之间，不存在**这样的分数，它的平方准确地等于2。**

如果不存在这样的分数——如何让人信服这一点——那个平方确切地等于2的数是什么样的数？或者你会说根本没有这样的数？

哦！我们很快就会揭开真相。对于我们悬而未决的几何案例引出的这些困难问题，我们必须设法回答它们。

我将会知道$\sqrt{2}$的确不是一个分数？

是的，不存在这样的有理**数，它的平方是2。整数和分数统称为有理数。换一种说法，没有一个有理数能表示单位正方形对角线的长度。**

难以置信！你居然能如此绝对地断定，在1.4或者说$\frac{7}{5}$到1.5或者说$\frac{3}{2}$之间那无数个分数中，没有一个的平方准确地等于2。

绝对如此。

你如何确信这样的分数肯定不存在呢？

我确信，因为古代希腊人证明了这样的有理数不可能存在。我将给你看一个漂亮的数的证明。

证明没有一个数的平方是2，这一定非常深奥。

不，这样说就过头了！我从未说过没有一个“数”的平方准确地等于 2，我从来都是说没有一个整数或分数的平方准确地等于 2。这两种说法是不同的。

但是，除了刚才你所说的有理数之外，难道还有别的数存在吗？

这是关于单位正方形对角线长度的一个疑点。它引出关于数的性质的一个悖论—— 一个明显的矛盾。

所以你从来就知道我的搜寻将是徒劳。

就你的目标来说是徒劳，但从旁的意义来说又不是徒劳。我并不想让你做无谓的游戏。很多人都坚信，无论多么难于寻找，一定存在着平方准确等于 2 的分数，你不是第一个这样想的人。此外，我还希望你能亲身经历探索和研究，体验自己独立发现的乐趣。

我必须集中精神想一想。我不否认单位正方形的对角线有一个长度。事实上，这个长度显然大于 1 个单位，而且据我们所知，小于 1.5 个单位。你又告诉我，这条对角线的长度不能表示为一个单位加上一个单位的分数倍。

完全正确。虽然对商业界来说，有理数完全够用了，但有理数却不能承担精确**度量单位正方形对角线长度的任务。一个有理数，无论它多么接近于这个长度，却始终存在着误差，这个误差可能非常小，但永远不会消失。古人这样描述这种情形：正方形的对角线与正方形的一条边**不可公度**。**

因此，如果我们坚持认为*所有的*数就是我们所熟悉的数，也就是有理数的话，我们就不得不说，没有一个数能表示这条对角线的长度，或者说没有一个数的平方是 2。

是的。但我们为什么把自己限制在这种观点之中呢？

这看来很自然。

也许是这样，不过，这种想法看来自然，是因为大多数人的经验仅限于处理有理数。但正如你所说，如果我们坚持认为有理数是唯一类型的数，我们就得准备生活在这样一个世界里，在这里，有些长度不可度量，而有些数没有平方根。

因此我们必须接受其他类型的数的存在。

对数学家而言，为了证明精确地等于单位正方形对角线长度的分数不存在，就必须扩充数的构成的概念。当我们做这项工作的时候，围绕$\sqrt{2}$的悖论就消除了。

那么什么“数”能表示单位正方形对角线的长度呢？

平方等于2的数，我们把它记为$\sqrt{2}$。因为它表示一个真实的量——单位正方形对角线的长度，它的存在是必要的，所以我们承认这个数的存在。

这样，我们一开始谈及的那个内正方形的边长就是$\sqrt{2}$，不需要更多的解释。

是的，$\sqrt{2}$是介于1.4和1.5之间的一个数，它不是有理数，它的平方是2。正如我们已经指出的，$\sqrt{2}$是用$\sqrt{2}\times\sqrt{2}=2$来定义的，这是数学语言，相当于说$\sqrt{2}$是平方等于2的那个正数。

这样，$\sqrt{2}$就是一个新型的数。

是的，新型的数，或者不同于以往的数，但我们尚未证明这一点。因为它不是一个有理数，我们称之为一个*无理数*。这不是说它有什么不合理。我们之所以这样称呼它，是因为它不能像分数那样表示为两个整数的比。

所以，有理数中“有理”这个词，是由比(ratio)这个词而来的，而用于刻画$\sqrt{2}$的“无理”，是指它不能这样表示。①

完全正确。$\sqrt{2}$就像任何分数一样，是一个实实在在的数。事实上，$\sqrt{2}$只是无数个实实在在的无理数中的一个，这些无理数存在于有理数“之外”。

你能给我看一些其他的无理数吗？

① rational number(有理数)中的rational来源于ratio(比)一词，所以描述无理数的单词irrational的本来含义是“不可比的”。——译注

当然，前不久我们曾列过一张完全平方数表，可以证明，那张表里没有出现的数的平方根都是无理数。

这就是说，

$$\sqrt{2},\ \sqrt{3},\ \sqrt{5},\ \sqrt{6},\ \sqrt{7},\ \sqrt{8},\ \sqrt{10},\ \cdots$$

都是无理数。

是的。

所以有无数个无理数。

当然，但是，无理数的集合不仅仅包含所有这些可以说是开不尽根的数，而且汇集了所有其他神奇美妙的数，其中最著名的就是 π。

啊，π！任意一个圆的周长与它直径长度之比。我想，π 是分数$\frac{22}{7}$。

这只是它真实值的一个近似值，正如$\frac{7}{5}$是$\sqrt{2}$的一个近似值一样。

现实比我天真的想法复杂得多。

或许我们应该说，数学的世界远比一个人最初想象的复杂得多。譬如目前的情形，有理数集合与无理数集合共同构成了实数**集合。**

有一种新型的数，它们不同于算术中使用的“通常的数”，这种想法真让人费解。

你不是第一个对这种新数很不理解的人。当古代希腊人意识到无理数的存在时，他们就曾为此而困惑。据说这些新事物闯入他们的现实，搅得他们心神不宁。他们经历了一次理智与哲学的危机。

他们也曾困惑吗？为什么？

是这样，当时在希腊有一位著名的哲学家和数学家毕达哥拉斯（Pythagoras），许多学生追随他，形成一个学派，即毕达哥拉斯学派。这个学派致力于研究高深的学问，特别是数学。他们因知晓所有应该知晓的东西而受到敬重。他们坚信，任何事物都能用熟悉的有理数来表示。

这是一个完全合理的信仰，或者，我能称之为有理信仰吗？

的确，情有可原。毕竟，在商业交易中，有理数就足够了，在刻画各种

物理现象的时候，有理数同样足够了。甚至在产生于实践的大多数测量问题中，有理数也足够了。

但是有理数不能度量单位正方形对角线的长度。

是的，关于$\sqrt{2}$以及它的表兄弟$\sqrt{3}$，$\sqrt{5}$，…这些数性质的问题，比有关“实际”测量的问题更具有理论性。希腊人很清楚，即使分数不能准确度量单位正方形对角线的长度，它也能度量这个长度达到任意要求的精确程度。例如，用长度

$$\frac{577}{408}=1+\frac{169}{408}$$

个单位表示单位正方形对角线的“真实”长度，误差只有十万分之一个单位。

如果单位长度是米，这个误差小于百分之一毫米。

有证据表明公元前1600年左右巴比伦人已经获得$\sqrt{2}$的这个近似值。这比我提到的古代希腊人早了好多个世纪。属于那个时代的一块巴比伦泥板①给出1;24,51,10作为$\sqrt{2}$的一个近似值。②

1;24,51,10表示什么？

这是一个简记，即

$$1+\frac{24}{60}+\frac{51}{60^2}+\frac{10}{60^3}$$

巴比伦人采用六十进制。

将它化简得到什么结果？

得到分数

$$\frac{30547}{21600}$$

你能看出，它差不多等于$\frac{577}{408}$。

① 泥板7289号耶鲁大学藏品。——原注

② 见本章注释3。——原注

那么，是否可以认为他们知道“我们的” $\frac{577}{408}$？

因为是 60 进制，

$$\frac{577}{408}=1;24,51,10,35,\cdots$$

可以推测，他们截短（简缩）了这个分数六十进制下的小数表示。

就像我们常说的那样，简缩为三位小数。

是的。

巴比伦人是如何找到这些近似值的呢？

我们无法准确地知道这一点，不过有一种猜想，认为他们已经掌握了一种逼近方法。

与我们发现的用分数数列逼近的方法不一样吗？

与我们的方法有关联，但逼近的速度更快。

更快，听起来很有趣。

甚至可以说是加速。这种方法还给出 1;25 作为 $\sqrt{2}$ 的一个近似值。请你把 1;25 转化为十进制，看看它是什么数。

我来试一试。因为他们采用六十进制，

$$1;25=1+\frac{25}{60}=\frac{85}{60}=\frac{17}{12}$$ ①

像 $\frac{577}{408}$ 一样，这个分数在我们的数列中。

事实上它是我们数列的第四项。它对 $\sqrt{2}$ 的近似程度不如 $\frac{577}{408}$ 好，$\frac{577}{408}$ 是同一个数列的第八项。但正如我们此前所说，这也是 $\sqrt{2}$ 的一个不错的近似值。

这些美索不达米亚人②一定了解他们的数学。

① 你可以尝试一下，作为一个分数，1;24 是多少？——原注

② 美索不达米亚（Mesopotamia），希腊语的意思是两河之间的土地，原义“河间地区”，亦称“两河流域”，是古巴比伦王国的所在地。——译注

从记载来看,他们懂得的数学比我们谈到的还要多。

我希望能自己检查一下$\frac{577}{408}$与$\sqrt{2}$的接近程度的确如你所说。

好的,在对$\sqrt{2}$的小数展开式一无所知的时候,这个工作很有意义。

嘿。此前我并不赞同这种工作。

此前我并没有强调这一点。

请你给我一个提示,我该从何处着手做这件事。

让我们回忆,在我们的数列中,分数$\frac{239}{169}$是$\frac{577}{408}$前一项,它是$\sqrt{2}$的不足近似,而$\frac{577}{408}$是$\sqrt{2}$的过剩近似。

我记起来了。因为$\frac{577}{408}$比$\frac{239}{169}$更接近$\sqrt{2}$,它与$\sqrt{2}$的距离就小于这两个分数之间距离的一半。

是的。你能算出来,这个距离是$\frac{1}{68592}$。

这能说明什么呢?

因为$50000 < 68592$,所以$\frac{1}{68592}$要比$\frac{1}{50000}$小。因此这个区间的长度小于单位长度的五万分之一。这样$\frac{577}{408}$与$\sqrt{2}$的距离就小于单位长度的十万分之一。

于是我们的工作就完成了。

是的。现在可能是一个很好的时机,我们应该运用我们的知识,寻求思路,引出$\sqrt{2}$小数展开式中小数点后的若干数字。

你打算如何来做这件事呢?

把不等式

$$\frac{239}{169} < \sqrt{2} < \frac{577}{408}$$

中的分数化成小数形式。

我希望使用计算器。

可以，因为从理论上说，我们能够通过手算完成这项工作。

这样我们就可以自由地使用计算器来节省时间。

我们有

$$\mathbf{1.\underline{4142}011834319526627\cdots < \sqrt{2} < 1.\underline{4142}156862745098039\cdots}$$

得到二十位数字。

多亏了计算器啊！我发现两边的小数展开式中，前四位数字是一致的，所以，说

$$\sqrt{2} = 1.4142\cdots$$

应该是靠得住的，这个结果相当好吧？

是的。这些结果都是我们自己获得的，我认为我们可以为自己喝彩。此后我们还将有机会改善这些结果。

回到古代希腊人。你说过，数的本质才是那些博学的人们真正感兴趣的啊。

的确如此。他们的信念是有理数能刻画自然界的一切，正如他们的格言“万物皆数”。

他们这样来理解有理数。

是的。

我很高兴，我的想法和这些智者一样。

你当然可以这样说。

这样他们就有了自己的旗帜，并忠诚地把它悬挂在旗杆上。

这种宣言显示自身无可辩驳的真理地位，它成为一种信条。

哦！$\sqrt{2}$存在性的发现势必带来一场地震。

这个发现不受他们欢迎，最重要的原因，是挑战了他们对数的本质的珍爱和虔诚。

他们真的很认真地看待关于数的这些事情吗？

我不知道围绕着发现$\sqrt{2}$的久远的传说有多少真实性，不过有一个传说，学派的一个成员泄露了一个秘密，即“万物皆数”的教条并未被所有人接受。因为有损于信念，这个成员被放逐到海上并被抛出船外。①

① 见本章注释4。——原注

你是在骗我吧!

如果这个传说是真的,它恰好回答了你的问题,说明他们看待自己的数学有多认真。

这样他关于数的信条就垮台了!

也许是命运吧,在有些场合,称$\sqrt{2}$为毕达哥拉斯常数。

我很惊讶毕达哥拉斯学派关于$\sqrt{2}$的断言。他们如何确知$\sqrt{2}$不是有理数的呢?他们肯定曾认为$\sqrt{2}$是有理数,而仅仅是缺乏找到它的手段。

也许他们偶然发现了数字证据,就像你在搜寻工作中的发现一样,不过我无从知道。但我知道他们研究数学的焦点在几何学。

当然,毕达哥拉斯定理非常著名。

事实上,可能正是这个定理第一次使$\sqrt{2}$引起古代希腊人的关注。

而这又是毕达哥拉斯学派自己“万物皆数”理论垮台的起因。

你可以这样说。回到我们关于搜寻的讨论中来,这些聪明的希腊人可能已经意识到,采用搜寻的方法,无论检查了多少个完全平方数,总还有无数的可能有待检查。

我希望他们能比我算得快些。

我相信他们已经充分了解,任何有限量,无论有多大,相对于无穷就一无所有。

但是,当$\sqrt{2}$问题引起麻烦时,他们必定怀疑,他们关于数的教条已面临危机。

我倾向于同意你的看法:他们必定也知道,他们的教条并非如他们最初宣告的那样为所有人接受。可能有些人已经被这样的理论所吸引,即$\sqrt{2}$不是有理数,而是有理数“之外”的什么东西。当然,对这种数的思索历经了几个世纪。

当古代希腊人发现$\sqrt{2}$的内涵远比它的外表要深刻之后,他们很快就找到了你提到过的那个证明了吗?

据我所知,过了好长一段时间,大约300年吧,才有人找到了一个证据,将这个怀疑变成了事实,并一锤定音地确立了$\sqrt{2}$的无理性。由于$\sqrt{2}$

的无理性有许多巧妙的证明方法，我将告诉你的是欧几里得①的证法，我不知道这是不是最早的证明。

他们一定经历了重重困难。要说清在无数个有理数中竟没有一个的平方是2，这是一件不容易的事情。

并不尽然。我们将要讨论的证明方法是一种非常漂亮的*归谬*证明法。

什么是归谬证明法？

在目前的情形，就是你假定有一个有理数，它的平方是2，然后设法说明这个假设导致矛盾，或者说假设引出某种谬误。这种逻辑形式——也是希腊学派遗赠给我们的——自那以后一直被运用于数学。

当你遇到矛盾，你就可以说，是你开头所作的假设引起了麻烦。

是的，因此你可以断定，这个假设必定是错误的，必须放弃。

于是，既然假设是错误的，那么它的反面就是正确的？

的确如此。

先是认定$\sqrt{2}$*必定*是一个分数，然后又因失败的搜寻而沮丧。在经历了这些之后，我急于看看$\sqrt{2}$无理性的证明？它一定是美妙的数学艺术品。

一件真正的艺术品。罗素（Bertrand Russel）曾说："数学，恰如其分地评价，它不仅拥有真，而且拥有极致的美……它是如此纯粹，它能达到严格的完美，如同最伟大的艺术才能展现的。"你可以自己来评判，这个证明是否当得起如此的赞誉。

图12　罗素
（1872—1970）

① 欧几里得《原本》第10卷（Eudid's *Elements*, Books X）. §115a。——原注

第2章 无理性及其推论

为证明$\sqrt{2}$是无理数,假定它的反面成立。

你的意思是假定它是一个有理数?

是的。

假定$\sqrt{2}$是有理数,那么,如我们前面所说,应该有两个自然数,譬如说 m 和 n,使

$$\sqrt{2}=\frac{m}{n}$$

对吗?

正确。

把这个等式的两边平方,就得到

$$2=\frac{m^2}{n^2}$$

我做得怎么样?

很好。

当我把这等式两边同乘以 n^2 时,我为这不朽证明所作的贡献恐怕就要告一段落了。

可能,不过证明这才开始。

谢谢。做这个工作很有趣!

不过，在我们用 n^2 乘以等式两边之前，关于 m 和 n 我想说几句话。如果 m 和 n 有公因数，那么从一开始就可以把这些公因数同时从 m 和 n 中除去。

怎样除去呢？

约去分数线上下的公因数，好比在 $\frac{36}{84}$ 中约去 3 和 4，可以得到

$$\frac{36}{84}=\frac{3\times\cancel{3}\times\cancel{4}}{\cancel{3}\times\cancel{4}\times 7}=\frac{3}{7}$$

你同意吗？

我同意，这是常理。

因此，不失一般性，从一开始我们就可以假定 m 和 n 没有除平凡因数 1 以外的公因数。

没有除 1 以外的公因数。我认为每一对自然数都有公因数 1。

是的，因为数 1 是任何数的一个因数，它被称为平凡因数。

那么你就是说，我们可以从一开始就假定分子 m 和分母 n 没有非平凡的公因数。

的确是这样。

看来这是合理的。

这时，称分数 $\frac{m}{n}$ 具有最简的**或**既约的**形式。**

上面例子中右边的分数 $\frac{3}{7}$ 的分子和分母没有非平凡公因数，所以它是最简分数。

是的。约去了公因数 3 和 4，分数 $\frac{36}{84}$ 化简为分数 $\frac{3}{7}$。而 $\frac{3}{7}$ 不能进一步约简，所以它是最简分数。

应该承认，这很好，很有道理。

现在我们有了这样一个附加的规定，就像你打算做的那样，让我们在

$$2=\frac{m^2}{n^2}$$

的两边同时乘以 n^2，并交换等式的两边，得到

$$m^2 = 2n^2$$

这是你早已熟悉的等式。

我忘不了，我曾愚蠢地努力寻找两个自然数 m 和 n，想使上面这个等式成立。

你做的事并不愚蠢。应该看到它聪明的一面。你发现了一个事实，引导我们越来越好地逼近 $\sqrt{2}$。

因此你接下来证明用分数可以"要多好有多好"地逼近 $\sqrt{2}$。

完全正确。除此之外，还因为你此前艰巨的工作，你对这个证明将有一个更好的理解，而这个证明正进入实质性阶段。

现在我必须全神贯注了。我不想忽略任何细节，我特别希望理解很久以前首先证明这个著名结论的先哲的思想过程。

等式 $m^2 = 2n^2$ 告诉我们 m^2 是一个偶数。

让我想一想这是为什么。哦，我知道了；因为它是 n^2 的两倍，而任何数的两倍都是偶数，所以它必定是偶数。

不错。现在你知道 m^2 是偶数了，你能指出 m 是偶数还是奇数吗？

二者都有可能吧？

不。因为奇数的平方还是奇数，所以自然数 m 必定也是一个偶数。

由于你说的这个原因，只有偶数的平方才是偶数。

你可以自己去思索为什么一个奇数的平方也是一个奇数[①]**。无论如何，如果 m 是偶数，这就意味着它是另外某一个自然数譬如说 p 的两倍。**

请举个例子。

例如，$14 = 2 \times 7$，这里 m 是 14 而 p 是 7。

是的。

这样，对某个自然数 p，$m = 2p$。

正确。

① $(2k-1)^2 = 4(k^2-k)+1$——原注

现在，在 $m^2=2n^2$ 中用 $2p$ 代替 m，得到 $(2p)^2=2n^2$ 或 $4p^2=2n^2$。

没有问题。

上面最后一个等式的两边约去公共的 2，并交换等式的两边，有

$$n^2=2p^2$$

你能注意到这个等式和开头那个等式 $m^2=2n^2$ 完全一样。

这里的 n 相当于前面的 m，这里的 p 相当于前面的 n，对吗？

对的。你能说说，关于 n，这最后一个等式告诉我们什么呢？

我想一想，它告诉我们，和 m^2 一样，n^2 也是一个偶数，是吗？

不错。这又包含什么意思呢？

我猜想，和前面同样的原因，这说明 n 也是一个偶数。

的确如此。证明完成了。

什么，这么快？我肯定疏忽了什么。请告诉我为什么证明已经完成了。

因为我们已经引出一个矛盾。

我得花点儿时间看看矛盾在哪里。

你慢慢看吧。

我发现矛盾了。现在我们知道 m 和 n 必须都是偶数。

是的，那么错在哪里呢？

我们不是一开始就说过 m 和 n 没有公因数吗？

没有除 1 以外的公因数，我们说过。

这就是矛盾呀？

好。我们开头假定

$$\sqrt{2}=\frac{m}{n}$$

这里 m 和 n 是没有除 1 以外公因数的自然数。但我们刚才的推理却令人信服地说明，这个假定迫使 m 和 n 同为偶数。

这意味着 m 和 n 有一个公因数 2。这就同我们最初假定它们没有除 1 以外的公因数相矛盾，这就使我们陷入两难的窘境。

你的目的达到了；你的假设“导致一个谬误”。

所以对任意自然数 m 和 n,最初那个等式永远不会成立。

永远！所以我们可以有把握地宣告,$\sqrt{2}$ 是一个无理数。

太漂亮了！而且,当有人指导的时候,这个工作并不困难。

这是它的魅力之一。

而且这样简短,我曾猜想有一个很长的证明。

这是一个真正的珍品,是*归谬法*的一个典范。

太迷人了！此刻我几乎觉得自己像一个数学家一样。

这很好,我很高兴你欣赏它。让我们对这个证明作一个精练的总结,看它有多么漂亮。

看来你是在数学教科书上读到的。

是的。不过现在你也能领悟其中的道理。顺便说一句,符号⇒表示"蕴涵着"。于是,下面是证明过程的一种高效率的写法:假定有两个没有非平凡公因数的自然数 m 和 n 使得 $\sqrt{2}=\frac{m}{n}$。则

$$\sqrt{2}=\frac{m}{n}\Rightarrow 2=\frac{m^2}{n^2}$$

$\Rightarrow m^2=2n^2$

$\Rightarrow m^2$ 是一个偶数。

$\Rightarrow m$ 自身是一个偶数。

$\Rightarrow m=2p$,这里 p 是另一个自然数。

$\Rightarrow (2p)^2=2n^2$

$\Rightarrow n^2=2p^2$

$\Rightarrow n^2$ 是一个偶数。

$\Rightarrow n$ 自身是一个偶数。

$\Rightarrow m$ 和 n 都是偶数。

$\Rightarrow 2$ 是 m 和 n 的公因数。

$\Rightarrow$ 因为 m 和 n 没有除 1 以外的公因数,引起矛盾。

非常简明;相形之下,日常语言就显得太拖沓了。我能看出罗素所说的:"严格的美。"

仅仅十二行。证明用到的演算都是最基本的，而推理则一气呵成。

那些希腊人真了不起！

我们不必因此而惭愧，能够“唤起”人们认识到$\sqrt{2}$不可能是有理数的，是天才的思想。同样，第一个证明这种不可能性的也是天才。这个证明是如此吸引人，以至于数学家哈代（G. H. Hardy）在孩提时代读到这个证明的第一刻起，就决定毕生研究数学。

他这样做了吗？

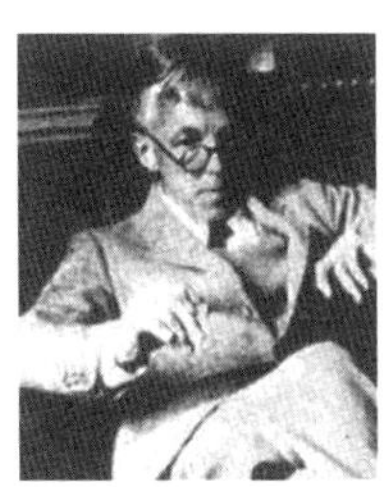

图 13　哈代（G. H. Hardy）
（1877—1947）

当然，他这样做了。他成为二十世纪英国伟大的数学家。在他认为他的数学创造力已经枯竭的时候，他写了一本有意思的书，名为《一个数学家的道歉》（*A Mathematician's Apology*）。

道歉？

是道歉**的意思。他认为，一个真正的数学家的职责是做数学而不是谈论数学。在写下这些话的时候他很难过，他不可能再像从前那样按照给自己制定的高标准去工作了。**

看来他对自己是很严格的。

从他的文字看的确如此。他对数学还有一个很精辟的观点。他经常被人们引用的一句格言是：“美是对数学的第一要求，世界上没有丑陋数学的久居之地。”

很美妙的语言，但果真如此吗？

无论是否，看来他引以为骄傲的是他的数学成果竟找不到一个应用。

在我看来，这几乎不可思议。

也有人对此十分不满，一位当时的英国科学家就大呼："这种遁世的行为令人讨厌。"

哦！

2.1 $\sqrt{2}$ 无理性的推论

前面你曾说过,古人习惯说正方形的边和它的对角线不可公度。你能不能解释一下这话的意思?

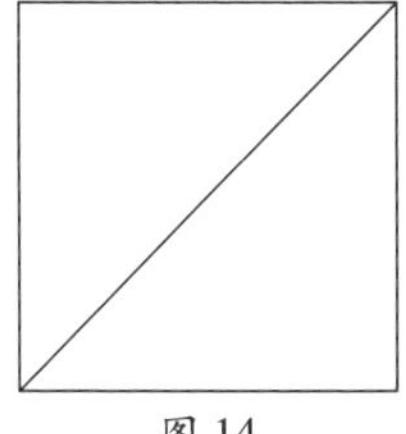

图 14

这话的意思是,正方形的边和它的对角线无法用同一把尺精确地度量,无论这把尺的刻度如何精细。

难以想象。

我知道这不容易理解,不过,如果你用一把尺能精确度量正方形的边(即边的两个端点与尺上的两个刻度吻合),那么用同一把尺沿对角线放置,使它的一个刻度和对角线的一个端点重合,对角线的另一个端点必定落在尺上某两个相邻的刻度之间。

我还是不相信。总是在两个刻度之间,永远不会重合?

必定如此!反之,如果一把尺能精确地度量对角线,它就不能精确地度量边。无论你有一把怎样新型的尺,具有多么精细的刻度,甚至你有无穷多把不同刻度的尺,并且两个相邻刻度有任意分割,结果都一样。

要解释原因很困难吗?

利用一点代数知识,很容易弄懂这个问题。

请告诉我吧。我对这个结论很感兴趣,哪怕要用到字母。

证明它不可能的方法是假定它可能,然后推出矛盾。

就像证明$\sqrt{2}$的无理性一样。

正是;如同我们将要看到的,我们的论点是不可能用同一把尺精确地度量正方形的边和它的对角线。所以我们假定存在这样的尺,能同时精确地度量边和对角线。

要相信这样的尺不存在是很困难的。

首先，我们可以令正方形的边长为 1 个单位。那么我们知道，对角线的长就是$\sqrt{2}$个单位。令 u 代表尺上任意两个相邻刻度间的距离。因为我们假定这把尺能同时精确地度量边和对角线，所以边长就是 u 的某个整数倍，设这个自然数为 n。这就意味着

$$1 = nu$$

类似地，对角线的长$\sqrt{2}$也是 u 的某个整数倍，设这个自然数为 m。

这样就有

$$\sqrt{2} = mu$$

完全正确。

到这里为止没有问题。但接着你做什么呢？

下面的工作简单而又巧妙。我们用第一个等式去除第二个等式，得到

$$\frac{\sqrt{2}}{1} = \frac{mu}{nu}$$

你能看出接着该干什么吗？

约去分数线上下的 u 吗？

是的。这一步非常重要。它表明，相邻刻度间的距离 u 的大小不影响此后的工作。由此你得到什么结论？

得到

$$\sqrt{2} = \frac{m}{n}$$

然后呢？

仔细看看这个简单的等式说了什么。古代希腊人会怎么说？

这个等式说$\sqrt{2}$可以表示为一个分数，但这是错的呀！

由此你能推得什么？

因为假定能够用同一把尺精确地度量一个正方形的边和对角线，导致矛盾，说明假定是错误的。

这样我们就推得了结论，尽管看上去不可思议，这两条线段确实不可公度。

我没有异议。

2.2 题材的变化

你还能再告诉我一些$\sqrt{2}$无理性的有实际意义的推论吗?

可以。设想有一间长方形的屋子,长方形长与宽的比恰好是$\sqrt{2}:1$。如果我们取宽作为1个长度单位,长方形就如下图所示:

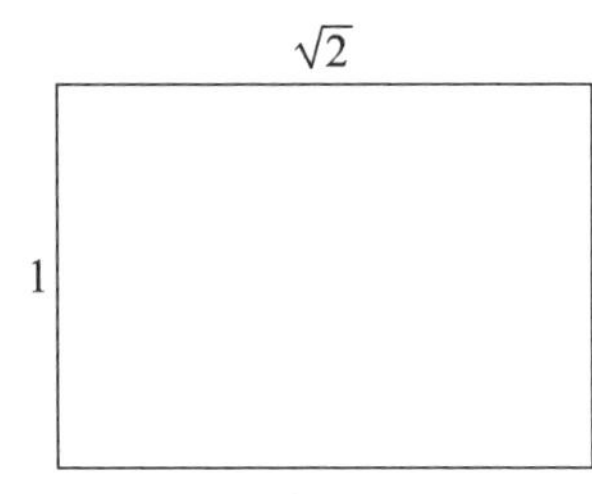

图 15

那么这间屋子的长方形地面将无法用正方形瓷砖铺满,无论这些正方形瓷砖多么小。

有没有在瓷砖间填水泥的问题?

别逗了,当然不存在这个问题!

瓷砖的边也没有残缺和凸起吗?

瓷砖被切割得没有任何瑕疵,再小的也没有。

我想,要解释为什么瓷砖不可能铺满长方形地面,不会比刚才的证明更困难。

这个证明和我们刚才推理的思路完全一致。你可以自己去思索。如果你愿意,我们后面再回到这个问题。

后面?哪里还会再遇见这样的长方形?

这种形状的长方形具有非常独特的性质。

是吗?

是的。标准A4纸(一种标准尺寸的纸张)就是这样的长方形。准确地说,它的长宽之比恰恰被设定为$\sqrt{2}:1$。

我这儿就有A4纸的便笺本。

好,看看它的封面,了解便笺本的尺寸如何。

它说便笺本的尺寸是297毫米乘以210毫米。

一目了然，这是相当特殊的尺寸，你不想说什么吗？

你已经指出这一点了。但这是为什么呢？

请算出它长与宽之比。

我算得这个比是

$$\frac{297}{210}=\frac{99}{70}$$

这又如何呢？

哦，这么快就忘了！

哎呀！我真笨，这个分数是老朋友了。它就是不久前我们找到的逼近$\sqrt{2}$的数列

$$\frac{1}{1},\frac{3}{2},\frac{7}{5},\frac{17}{12},\frac{41}{29},\frac{99}{70},\frac{239}{169},\frac{577}{408},\cdots$$

的第六项。

正是。你应该记得，我们说明了分数$\frac{297}{210}=\frac{99}{70}$与$\sqrt{2}$的距离小于0.00025。

所以$\frac{297}{210}$是$\sqrt{2}$一个很好的近似值。

误差小于四千分之一个单位，用米制的话，就是小于四分之一毫米。

这样我们就见证了这个数列的一项与造纸工业的一个联系。

是的。

你是说，这个比是有意选定的，使得A4纸的长宽之比非常接近于$\sqrt{2}:1$？

正如我说过的，理论上它们的比应准确地等于$\sqrt{2}:1$，但现在我们知道，这是不可能达到的，因为每条边的长度都恰好是毫米的自然数倍。

毫无疑问，执意要达到这个比，一定有充分的理由。

理由来自实践。在这种情形，也只有在这种情形，纸张能够沿着它的长边折叠成两个小长方形，每个小长方形的长宽之比仍然是$\sqrt{2}:1$。

只有在这种情形，在其他情形就不行。太吸引人了！

当两条边长都是基本单位的整数倍时，这个比是不可能达到的，真不知道该说它刻意呢，还是相反地说它天然。

不过它肯定是有趣的。是谁最先发现这一点的？还有，它真的有用吗？

我曾读到过，用这种规格的纸张备料，能降低再生产的成本并提高工效。①

连$\sqrt{2}$都有它“商业性的一面”。

同一本书里还写着，“可能是德国物理学教授利希滕贝格(Georg Christoph Lichtenberg)② **于1786年10月25日写给一位名叫贝克曼(Johann Beckmann)的人的信中，首次评价了纸张长宽之比为$\sqrt{2}$在实用和审美上的优点。”由于是利希滕贝格研究所得，在有些场合就称$\sqrt{2}:1$为利希滕贝格比。这是给你提供的一点历史知识。**

比我所期待的有趣得多了。要说明为什么只有$\sqrt{2}:1$具有这种功能很困难吗？

并不困难。我用一点儿时间就可以给你解释。再补充一句：每一次这样生成的新的纸张都与它的“前辈”具有同样的性质。

这很重要吗？

是的，因为这就意味着每一张较小的纸可以再次一折为二，给出更多具有同样规格同时更小的纸张，如果需要的话，还可以继续下去。

这真好。

两张A4纸是一张A3纸的“子女”，同样，两张A3纸来自一张A2。A－系列的第一位是A0纸，它的尺寸是1189×841毫米，面积接近于1平方米。

让我算一下：

---

① 见本章注释1。——原注

② 格奥尔格·克里斯托夫·利希滕贝格(1742—1799)德国物理学家、哲学家。在格丁根大学任教授直至去世。——原注

$$841 \times 1189 = 999\ 949$$

接近于 1 000 000 平方毫米，相当于 1 平方米。

是的。A0 纸的面积比 1 平方米小 51 平方毫米。这个误差可能显得很大，但相对于 1 000 000 而言，它所占的百分比仅仅是 0.0051%。

一个微小的百分比。

为什么你不拿一页 A4 纸对折为二，检查它的长宽之比是否近似于 $\sqrt{2}:1$。同样可以拿两页 A4 纸长边与长边拼在一起，检查它的长宽之比是否近似于 $\sqrt{2}:1$。

我想，我甚至不必动手去做，因为如果我拿两页 A4 纸长边对长边地拼在一起，就像这样：

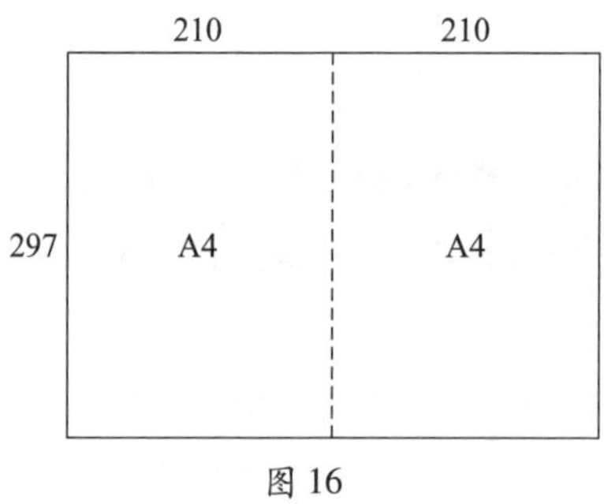

图 16

结果得到一个长方形，它的长是 2 ×210 =420 毫米，而宽是 297 毫米。

就是这样。为什么你不检查一下分数 $\frac{420}{297}$ 的平方有多接近 2。

啊，你是在考我是否还能记得该怎么做。

并非如此！你也可以事先把这个分数简化为它的最简形式 $\frac{140}{99}$。

哦，好的。计算

$$\left(\frac{140}{99}\right)^2 = \frac{19600}{9801}$$

$$\overset{!}{=} \frac{19602 - 2}{9801}$$

$$= 2 - \frac{2}{9801}$$

说明$\frac{140}{99}$的平方与 2 相差$\frac{2}{9801}$。

干得真出色！看来你并没忘记这个技巧，我们此前很好地运用了它。

我很快就想起来，应该把 19600 写成 19602 − 2，这样我就可以用 9801 去除 19602，正好得到 2。

用不了多久，你会成为真正的行家！

你过奖了。无论如何，我敢说，一张 A3 纸长与宽的比也近似等于$\sqrt{2}:1$。

如果 A4 纸具有理想的比$\sqrt{2}:1$，那么像上面所说那样，把两张 A4 纸拼在一起，就得到这样一张纸：

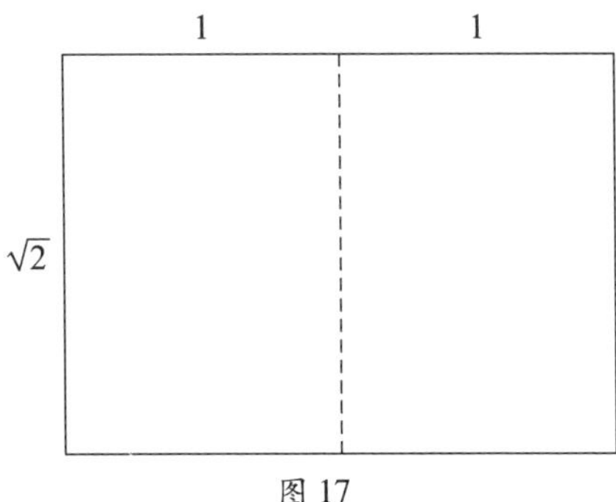

图 17

这里长为 $2\times1=2$ 而宽为$\sqrt{2}$。

那么这张大纸的长宽之比是 $2:\sqrt{2}$。

这与$\sqrt{2}:1$一样吗？

啊！你希望我说明它们一样，请给我一些提示吧。

好的。你只要回忆$\sqrt{2}\times\sqrt{2}=2$。

让我想一想。

请便吧；上面这个式子会给你启发。

但愿如此。关于 $2:\sqrt{2}$ 这样一个简单的比式，这里不该有我不会做的事。

正如你所说。

我想，我已经有所发现了，让我试一试。我首先把 2 写成$\sqrt{2}\times\sqrt{2}$。

很好，这一步与我们此前所做的事相反。

是吗？

此前，我们总是把$\sqrt{2}\times\sqrt{2}$简单地写成 2，而这一次，你把单个的数 2 写成$\sqrt{2}\times\sqrt{2}$的展开形式。

我明白你的意思。接着我这样写

$$\frac{2}{\sqrt{2}}\overset{!}{=}\frac{\sqrt{2}\times\sqrt{2}}{\sqrt{2}}$$

约去等号右边分数线上下一个$\sqrt{2}$，我得到：

$$\frac{2}{\sqrt{2}}=\sqrt{2}$$

现在我该怎么办？

再运用一点儿技巧。因为$\sqrt{2}$即$\frac{\sqrt{2}}{1}$，又因为这就等于比$\sqrt{2}:1$，所以这个等式表示

$$2:\sqrt{2}=\sqrt{2}:1$$

这样，我们的工作就完成了。

为什么？

这不正好说明用两张理想的 A4 纸黏合在一起，得到的那张大纸的长宽比是理想的$\sqrt{2}:1$吗？

不错，这样我们就得到一张 A3 纸。

这真有趣！

干得很棒。

现在我明白了，如果一张纸长与宽的比准确地等于$\sqrt{2}:1$的话，就可以沿着它长边的中点把它折成两张较小的纸，而对较小的纸，还能再做同样的工作。

是的。每一张这样的纸都具有同样的性质：长宽之比还是$\sqrt{2}:1$。

而且正如你前面所说，这个工作可以一直进行下去，沿着纸的长边对折，得到两张具有同样性质的更小的纸。

完全正确。

你前面还曾说过，只有这种规格的长方形才具有这种性质。

是这样。只有长宽之比为$\sqrt{2}:1$的长方形具有这种性质。

我很想知道这是为什么。

这将需要一点代数知识。

我想这没有问题！

让我们从一张作了标注的长方形图开始：

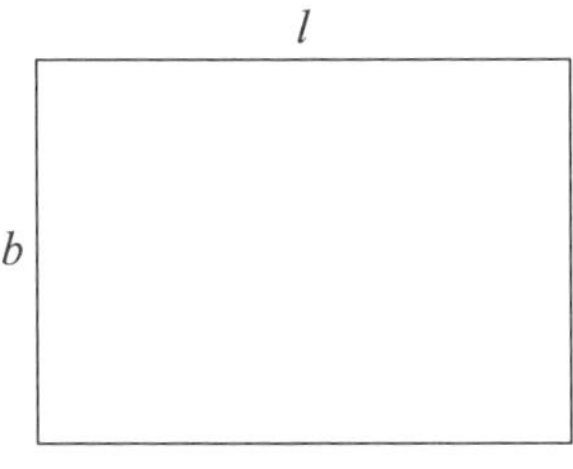

图 18

这里 l 代表长而 b 代表宽。

我想，这里一条边要比另一条边长，工作才能顺利进行。

你的想法很正确。所幸有一点是很明显的，那就是正方形不适合我们的工作。正方形边长的比是 1∶1，如果将它对折，就得到两张较小的纸，长宽之比为 2∶1，长是宽的两倍。

同意，所以这个特殊长方形的一条边必须比另一条边长。

这是必须的，不过这一点在证明过程中会自动得到反映。现在让我们沿长方形的长边垂直地把它一折为二。

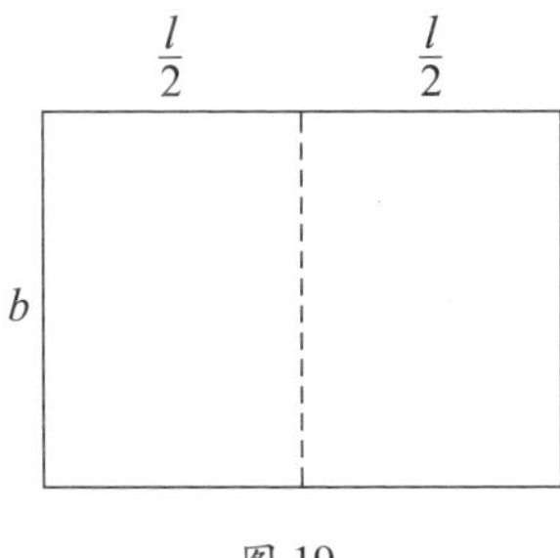

图 19

现在请告诉我两个小长方形每条边的长。

宽为$\frac{l}{2}$①,而长为 b。

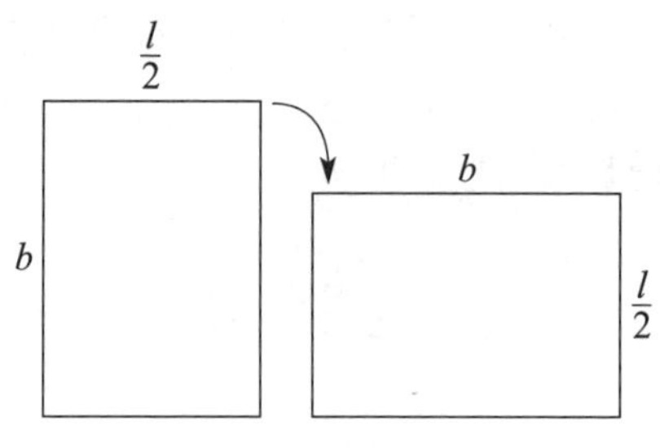

图 20

你怎么知道长为$\frac{l}{2}$的边比长为 b 的边短?

我当然是从图里看出来的。我猜想你是要我证明这是必然的。

恐怕是这样。如果我们开始的那个长方形是 12×4,那么$l=12$,$b=4$,于是$\frac{l}{2}=6$,还是比 $b=4$ 大。

我知道。但这显然不是我们要讨论的那种长方形吧?在你的例子中,长宽之比是 12:4或者 3:1,相应两个小长方形长宽之比是 6:4或者 3:2。而 3:2不等于 3:1,两个比不相等呀。

你说得对。无论 l 和 b 取什么值,$\frac{l}{2}$都不会比 b 大,否则就会使比 $l:b$ 和比$\frac{l}{2}:b$ 相等,而这是不可能的。

$\frac{l}{2}$可能和 b 相等吗?

很好的问题,但出于相仿的原因,这是不可能的。如果$\frac{l}{2}$和 b 相等,那么 l 就等于 $2b$,这就意味着长方形的长宽之比为 2:1。

于是两个小长方形实际上都成了正方形?

① 读者注意:这里是字母 l,而不是数字 1。——原注

是的，小长方形的长宽之比是 1∶1。

因为两个比应该相等，所以排除$\frac{l}{2}=b$的可能。

所以在每一个小长方形中，*b* 必定是较长边的长。

好，我很高兴，这是一个额外的收获。

请注意，我们刚才已推算出，为了得到相等的比，一开始那个长方形的长必须小于宽的两倍。

我认为这几乎是显然的。

也许吧。现在进入问题最精彩的部分。为了便于工作，我们作图：

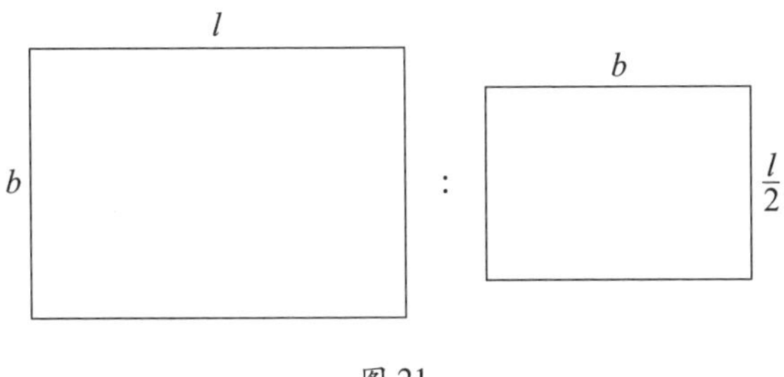

图 21

这幅图意味着，我们必须有

$$\boldsymbol{l:b=b:\frac{l}{2}}$$

或者

$$\boldsymbol{\frac{l}{b}=\frac{b}{\frac{l}{2}}}$$

你愿意把它化简吗？

我试试看。在学校里我学过，除以一个分数，应该把这个分数上下颠倒并且做乘法。

不错，你现在得到什么？

我得到

$$\frac{l}{b}=2\ \frac{b}{l}$$

现在我该怎么办？

我们为什么不在等式两边同乘以$\frac{l}{b}$，把所有字母移到等号的同一边去呢？用这个方法，等号右边只剩下数2。

如果我没把学校教的代数记错的话，这样做就得到

$$\frac{l}{b}\frac{l}{b}=2$$

是的。这个简单的等式告诉我们

$$\left(\frac{l}{b}\right)^2=2$$

你怎么看待这个等式？

啊！我再想一想。它是说存在这样的分数，它的平方是2？

肯定不是，尽管看上去像是如此。记得吗，对我们来说，分数的分子和分母都是整数，但我们从来没说过 l 和 b 必须是整数。

的确，我们没说过。事实上，现在等式告诉我们，l 和 b 不可能都是整数？

完全正确，因为如果它们都是整数，我们将得到一个分数，它的平方是2。

我们知道这是不可能的。但它们会不会都是分数呢？

不可能，因为当一个分数被另一个分数除……

……还是得到一个分数。而分数的平方不可能是2。那么这个等式告诉我们什么呢？

告诉我们

$$\frac{l}{b}=\sqrt{2}$$

或者

$$l:b=\sqrt{2}:1$$

而这正是我们一开始要证明的。

我必须整理一下思路。我们的任务是寻找这样的长方形，当它被沿着长边折叠成两个小长方形时，每个小长方形的长宽比与原来

那个长方形的长宽比正好相同。我说得对吗?

对。而且我们已经成功了。我们已经发现了什么?

我们发现这样的长方形是存在的,并且这样的长方形长与宽之比必定恰好是$\sqrt{2}:1$。

是的。以上讨论也就是说,在这种情况下,l 或者 b 一定是一个特殊的数。

这里仅仅是比在起作用,而与具体的长度无关。

正是如此。尺度是不起作用的,只要比正确。

因此,长宽比是$\sqrt{2}:1$的任何一个长方形都具有这种性质,否则都不具有这种性质。

这就是一个完整的故事。

2.3 瓷砖问题又如何?

你忘了吗？我们还要回到瓷砖问题，为什么用哪怕再小的正方形瓷砖也无法铺满$\sqrt{2}\times 1$ 的长方形。

当然，我还没有证明这种不可能性。你为什么不尝试一下呢？

我，让我证明它？

是的，你能证明它，这将十分圆满地结束我们对这个特殊问题的讨论。

那么我必须计算出为什么这个长方形不可能被铺满。根据以往的经验，我先假设长方形能够被铺满，然后设法推出矛盾。

这个计划很好。那么，你即将动手铺瓷砖了吗？

在想象中铺，而动手之前，我最好先决定一块瓷砖的尺寸。我必须考虑任意大小的正方形，所以就设瓷砖的边长为 s。我画出一块瓷砖。

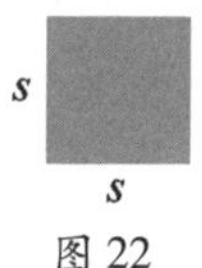

图 22

这里 s 代表任意一个确定的长度。这是正确的方法吗？

用一个字母代表任意长度。你已经很老练。

我假定沿长度为$\sqrt{2}$ 的长边正好可以铺上 m 块瓷砖，沿长度为 1 的短边正好可以铺上 n 块瓷砖。地面看上去就像这样：

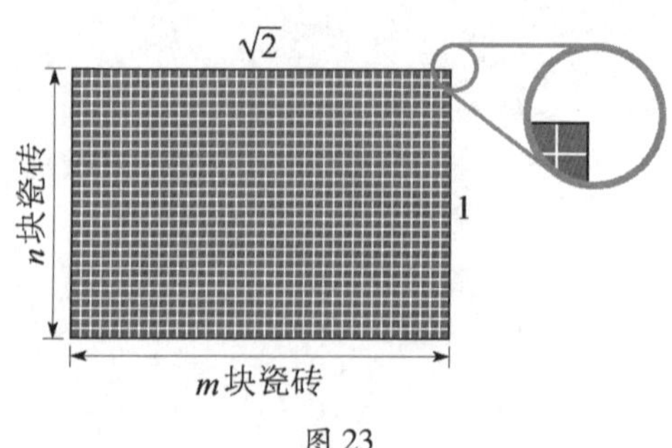

图 23

正方形瓷砖间没有空隙。

我看见了。

因为这里没有空隙，而每一块瓷砖的边长都是 s，那么就一定有

$$\sqrt{2} = ms$$

而

$$1 = ns$$

不是这样吗？

看来是符合逻辑的，m 块瓷砖，每边长为 s，总长度恰好是 ms 个单位，而 n 块这样的瓷砖总长度为 ns 个单位。

现在让我想一想。以前做到这一步时，我们是怎么处理的？哦，对了。用第二个等式去除以第一个等式，就得到

$$\sqrt{2} = \frac{m}{n}$$

因为古希腊人已经证明了$\sqrt{2}$不能写成分数形式，所以这是不可能的。为了正好铺满长方形地面，图中最上面一行或最右面一列的瓷砖必须被切割。如果要保持所有瓷砖都是正方形，那么无论它们的大小如何，都不可能正好铺满这个长方形。

好极了！

2.4 队列问题

$\sqrt{2}$的无理性还有什么推论吗？此刻我已经完全被吸引了。

我打算运用视觉形式对以下事实再作一点拓展，即一个自然数平方的两倍绝不可能是另一个自然数的平方。

“平方数的两倍绝不可能是平方数”？当然，这就意味着 $m^2 = 2n^2$ 是不可能的。我应该知道这一点，我曾经费尽心机地试图在前三十个完全平方数

$$1, 4, 9, 16, 25, \cdots, 729, 784, 841, 900$$

中寻找一个数能等于另一个数的两倍。n 平方的两倍是 $2n^2$，它永远不可能等于另一个形如 m^2 的平方数。

这里 m 和 n 是正整数。因为如果有一个这样的例子，那么$\sqrt{2}$将是有理数。

这一点我已经明白了。

如果你是一位军事教官，指挥一队士兵，这队士兵的人数正好是一个完全平方数，你就可以把你的队伍排成一个正方形。

好，一个小小的操练，肯定受欢迎。

就像我刚才所说的，每行每列的士兵人数都正好相等，他们都遵守你的训练要求，始终与所有相邻的人保持同样的距离，这个队伍行进时就呈现一个几何正方形。

一个完美的形状，我希望它始终保持。

下面就是一种设想，横向五人，纵向也是五人

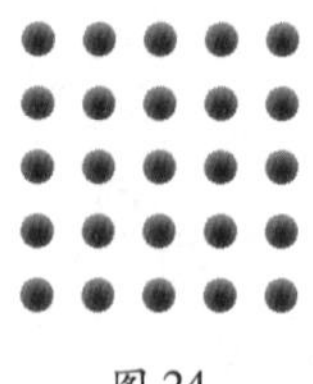

图 24

形成一个五乘以五的正方形。现在，教官先生，我准备给你增加到双倍人数，五十名士兵，你打算怎么办？

现在我的地位更高了?

也许吧,但事实上你可能要沮丧,因为你恐怕不能使这个扩大了的队伍继续保持你那么钟爱的正方形队列了。

是吗?我想,你是尽力要让我出丑!

不,你是一位认真的教官,你做事追求完美;而从一位军事教官来看,还有什么比正方形更完美呢?

好,那我就是一个无奈的军事教官。

现在假如我一开始分配给你的士兵人数是另一个完全平方数,然后照样增加人数成为原先的两倍,你将怎么办?

完全平方数,再复习一遍,就是 1,4,9,16,…对吗?

是的,就是自然数的平方。

你让我更无奈。刚开始我很满意,因为无论你选择怎样的完全平方数,我能把相应人数的士兵排成我喜欢的正方形队列。但当你给我的士兵人数翻倍,我就困惑了,因为我无法保持他们排成正方形队列。

为什么?

$\sqrt{2}$无理性的证明过程表明,一个平方数的两倍不可能是平方数。难道关于$\sqrt{2}$的无理性我们还能有其他结果?

是的,或者说可能是,关于$\sqrt{2}$无理性的证明我们可能还有一个结果。

我注意到,50 这个数,就是我扩大了的队伍人数,它接近于一个完全平方数。如果我让 50 人中的 1 人作为旗手或者号手或者其他什么而站在队列前面,我就能安排剩下的 49 人组成一个 7×7 的正方形,跟在那个领头的士兵后面。

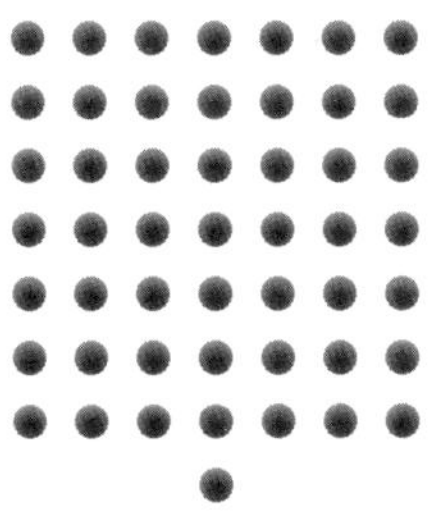

图 25

的确可以，具有某种对称性的队列。

如果你认可，再遇到指挥两倍人数士兵的队列问题时，我就有点指望了。

可能如此。从设定50名士兵这个特殊问题，我认为我们可以说，你得到了关于完全平方形式概念的某些不容易得到的很好的东西。

好啊。

但是，如果不是多余一个士兵，而是缺少一个士兵，你将怎么办？

这和前面的情形差不多，甚至更容易解决，因为这时我可以顶替那个缺席者，站在空位上，使正方形完整。

并从前面指挥。

当然，这是我的职责。

这样，公正地说，士兵人数比完全平方数多或者少1，是仅次于理想的情形，因为这时他们可以排成准正方形①，我们又创造了一个词语。

这是一种不坏的描写方法。它启发我，因为 $50=2(5)^2=7^2+1$，准正方形这种说法同以前我们所说的"擦肩而过"是有联系的。

你是说一个完全平方数比另一个完全平方数的两倍大或者小1的情形吗？

是的，两倍人数的队伍排成准正方形队列的问题，也就是士兵人数比完全平方数多或者少1的问题，这是数之间关系的形象化。

完全正确。两种说法互相印证。

这说明我已经掌握了几种队列，一种是能排成正方形的队列，如果人数翻倍，就排成准正方形的队列。

请你说明，我们如何寻找这些数。

只要考虑数列的项

$$\frac{1}{1}, \frac{3}{2}, \frac{7}{5}, \frac{17}{12}, \frac{41}{29}, \frac{99}{70}, \frac{239}{169}, \frac{577}{408}, \cdots$$

我们要找的那些数全都在我们面前。

① 原文为near-perfect square formation。——译注

在哪里？能举个例子吗？

好，第三个分数$\frac{7}{5}$直接联系于我们刚才讨论的两个正方形。它的分母 5 是较小的队伍每行或每列的士兵数，这时士兵人数 $25=5^2$ 是一个完全平方数，而它的分子 7 则给出扩大了的队伍中每行或每列的士兵数，这时有一名士兵必须离开队列站在前面。

事实上 $7^2-2(5)^2=-1$，也就是 $2(5)^2=7^2+1$，请解释一下，为什么这是可能的？

好的，第二个等式告诉我们，如果我们最初选择的队伍有 5^2 名士兵，翻倍以后就有 7^2 再加 1 名士兵，这时可以排成准正方形队列。

的确是这样。

因为数列中每个分数分子的平方是它分母平方的两倍加上或者减去 1，所以如果一支队伍的士兵人数是完全平方数，那么在人数翻倍以后，就可以排成一个准正方形队列。

不要忘记，我们还没有证明对数列中任何一项这个结论都成立。

是的，但我们知道，对于写出来的那些分数，这个结论总成立。

同意，因为我们对其中每一项都核实过。

我们可以由这些分数计算，看把队伍的人数翻倍后，为了排成正方形队列，人数是多 1 还是缺 1。例如对应于分数$\frac{1}{1}$，计算 $1^2-2(1)^2=-1$，也就是 $2(1)^2=1^2+1$，这就是说会多一名士兵。

这样，如果你从一个单独的士兵作成一个一行一列的平凡正方形开始：

图 26

然后把士兵人数翻倍，就能排成一个准正方形，有一名士兵排在跟随他的正方形之前。

是的，就像这样：

图 27

虽然可能看上去不像，这个队列还是一个准正方形，因为它的人数恰好比一个完全平方数大 1。

是的。

对于这样小的数，要辨明其形状反而比较困难。

对于分数 $\frac{3}{2}$，我们有 $3^2-2(2)^2=1$，或者等价地。$2(2)^2=3^2-1$。这就告诉我们，如果把此前的人数翻倍为$2^2=4$名士兵的话，就可以排成一个两行两列的正方形：

图 28

而继续扩大队伍就需要额外增加一名士兵填满正方形。

我们可以看一看，这就是八名士兵排成队列的情形：

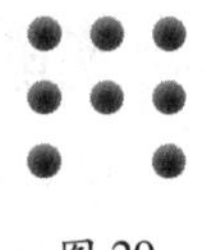

图 29

而且，正如我们已经说明的，如果军事教官站到前排的当中，我们就得到一个正方形，所以现在这个图形是一个准正方形。

数列中下一个分数是$\frac{7}{5}$，我们已经考察过这种情形。

数列中没有分母为 3 的分数，但作为一个很好的练习，我们取队伍初始人数为 $3^2=9$，可以排成正方形：

图 30

请你检查一下，把现在的士兵人数翻倍，能不能排成一个准正方形。

好主意。现在 $18=16+2$ 立刻告诉我们，不可能排成一个准正方形。

当然,你说得对。我们可以排成这样的队列:

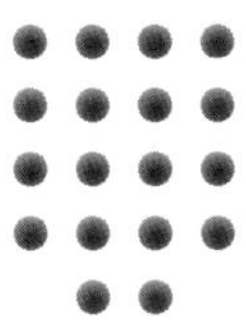

图 31

它有自己的特点,但不符合我们的要求。

这是否说明原来那个队伍的人数必须是下列数的平方

1,2,5,12,29,70,169,408,…

而没有其他数了?

可能是这样。

这些数正好是我们先前数列中那些分数的分母。

是的,我能看出。你可能愿意知道,这个数列就是所谓佩尔(Pell)①数列。

如果它获得命名,那一定是个很重要的数列。

好,如果你关于这些数的想法正确的话,那么它就是一个重要的数列。你一定想知道它的项是如何不断地产生出来的吧。

我知道如何获得越来越多的项,这是因为我知道我们分数序列的项是如何产生的。

的确如此,但你能不能找到仅仅与这个数列的项相关的规律呢?

你的意思是某些只涉及这个数列本身的规律,而不需要其他帮助?

的确如此。

你必须给我一点时间。

会给你足够的时间。你知道,你关于佩尔数列关系的推测,是我们已

① 约翰·佩尔(1611—1685)。——原注

经建立的事实的一个重要推广。

我能体会这一点。如果我的工作是正确的，请你告诉我，而且我也希望你指导我如何去证明我们所作的观察。

很有信心，值得赞赏。但可能你相信正确的那些结论在一般意义下没有一个是真。

要是如你所说，我们至今所作的观察在一般意义下是错误的，我会非常惊讶。

在我们开始这个工作之前，我想再讨论$\sqrt{2}$无理性的一个进一步的推论，是关于它小数展开式的性质。

一定很有趣。

2.5 $\sqrt{2}$小数展开式的性质

$\sqrt{2}$的无理性对它的小数展开式作出某些限定。

是吗?

是的。首先,它的小数展开式不可能形如

$$1.40000000000000000000\cdots$$

这里,小数点后面的4之后是一串永远写不完的零。

这是否展开式的规范写法,是否可以去掉后面所有的零?

是的。简单地写就是1.4。

这就是我的想法。

一个小数展开式,如果从某一位起,后面都是零,就称之为一个有限小数展开式**,或者简称为一个**有限小数**。**

你是说$\sqrt{2}$没有有限小数展开式吗?

确实如此。你能解释为什么**它没有这样的小数展开式吗?**

我能解释。因为数1.4的小数点后面只出现一个数字,我把它乘以分数$\frac{10}{10}$,就得到

$$1.4\times\frac{10}{10}=\frac{14}{10}=\frac{7}{5}$$

所以1.4对应于分数$\frac{7}{5}$,它不等于$\sqrt{2}$。

很好。因为$\frac{10}{10}$就是1,乘以它是把1.4写成分数形式的好办法。

当然,我通常不是这样一口气地完成计算的。

你是指什么?

我也可以先写出

$$1.4=\frac{14}{10}$$

然后从分子与分母约去公因数2。反正对任何一个有限小数,为了回答你的问题,我都同样可以用很多方法,说明它只是分数的另一种

写法，所以$\sqrt{2}$没有有限的小数展开式。

请你说明，对有限小数 0.152 你将怎么处理？

因为它的小数点后面有三个数字，我用$\frac{1000}{1000}$去乘它。

这个分数的分子和分母都是 10 的 3 次幂。所以通常就说成“上下”同乘一个 10 的幂，而幂指数就等于小数点后面数字的个数。

我就是这样想的。

因为 $0.152 \times 10^3 = 0.152 \times 1000 = 152$，你先写出

$$0.152 = \frac{152}{1000}$$

然后你观察，能不能通过约去分子和分母的公因数，把分数化为它的最简形式。

是的。既然你已经指出了，我想我可以试试。我把分数上下都除以 8，得到

$$0.152 = \frac{19}{125}$$

因为这个分数的分子是素数 19，我知道不可能进一步化简了。

你能觉察这一点很不错。这样你就把小数 0.152 写成最简分数的形式，我想你能用长除法证明分数$\frac{19}{125}$的小数展开式是 0.152。①

我想我能够，但以前我就说过，我不是很喜欢解释这个过程，尽管我知道这并不困难。

不需要做什么了。仿照你刚才对两个有限小数 1.4 和 0.152 所做的工作，我们可以说明任何一个有限的小数展开式代表一个分数。于是，因

①
```
        0.152
125 )19000
      125
      ----
       650
       625
       ----
        250
        250
        ----
        000
```
——原注

为$\sqrt{2}$是无理数，它的小数展开式就不可能是有限的。

这样问题就解决了。

但这里还有些问题需要阐明，$\sqrt{2}$不仅仅没有有限的小数展开式。

还有问题？

它也不可能有像这样的小数展开式

$$0.62428571428571428571\cdots$$

这里小数点后面的头两个数字是62，后面跟随着六个数字428571的一个组，这个组的后面跟随着同样的六个数字428571的又一个组，数字次序完全相同，并按此方式继续下去，这六个数字的组反复出现无穷多次。

让我仔细检查一下。你说，在数字6和2后面，是包含六个数字的组428571一遍又一遍反复出现的模式。

无限，或者趋于无限。

好，我明白了。

现在$\sqrt{2}$也不可能有这样的小数展开式，即在最初的几个数字之后，一组数字一次又一次反复出现。这种形式的小数展开式被称为是混合的。

什么样的数具有这样的小数展开式？是不是一种很复杂的数？

你现在给自己出了一个小小的难题。

我？我问你一个问题，满心希望你给我启发，但现在任务反倒落到自己头上。

当然，你可以做些试验。而你用来寻找对应于有限小数的分数的技巧可能会给你某些帮助。

但那两个小数展开式是有限的。而现在的展开式，尽管从某个时刻开始是相同的六个数字的组反复出现，但它毕竟是无限的，所以一定困难得多。

我们将很好地利用某些方法，你很快就会看见。

我希望你给我一些指点。

我会的，但在此之前，我希望你告诉我，我怎么做才能把在

0.624285714285714285 71…

中紧跟在小数点后面的 62 两个数字移到小数点前面，这样小数点后面除了六个数字的组 428571 反复出现无限次外，不再有其他数字。

可以用前面的技巧，把它乘上 $10^2=100$，你就可以得到一个数，它的头两个数字 62 出现在小数点前面，而小数点后面是数字的组 428571 反复出现。

这就是

(0.624285714285714285 71…) ×100 =62.4285714285714285 71…

是的，看来是正确的。

现在如果我们从这个数中减去 62，我们就得到

0.4285714285714285 71…

这是一个典型的实例。我这样说，是因为在某种意义上，如果从最初的展开式中除去不纯的部分，得到小数点后六个数字的组无数次拷贝的情形。

这样，小数展开式 0.4285714285714285 71…就不是混合的了？

不错。现在这个小数展开式被称为纯循环的**，纯，是指小数点后面没有不属于反复出现部分的数字，循环，则是指六个数字的组 428571 无穷次地反复出现。称这个循环小数展开式有"循环节 6"，这是因为反复出现的是六个数字的组。**

这容易看出。

由于这种循环性，这个无限小数展开式有时也写成更简洁的形式

$$0.\overline{428571}$$

——理解为一横之下的一组数字反复出现无穷多次。

所以 $0.\overline{3}$ 代表 0.3333333333333333…？

是的。

我是从学校里学到的，如果我没有记错，这是分数 $\frac{1}{3}$ 的小数展开式。

你没有错。说明这一点的一个很好的方法是设

$$x = 0.3333333333333333\cdots$$

然后乘以 10,就得到

$$10x = 3.3333333333333333\cdots$$

再从这里减去最初的展开式,

$$\begin{aligned} 10x &= 3.3333333333333333\cdots \\ x &= 0.3333333333333333\cdots \\ \hline 9x &= 3.0000000000000000\cdots \end{aligned}$$

有

$$9x = 3 \Rightarrow x = \frac{3}{9} = \frac{1}{3}$$

这样我们就得到了你的分数。

很巧妙。用这种方法把两个展开式中小数点后的 3 都“互相抵消”了,我们得到一个有限小数。

很简单,但很聪明。

是谁给出这种技巧的?

我也经常问自己同样的问题,谁领悟了这些灵光一闪的技巧。还是让我们回到小数展开式 0.6242857142857142857 1⋯,按新的记法,我们可以把它写成 $0.62\overline{428571}$,为什么你不试试用这个技巧发现 $0.\overline{428571}$ 是什么数?

我来试一试。再次使用符号 x,把这个展开式写成

$$x = 0.428571428571428571\cdots$$

x 的新职责,每当有什么数需要寻找的时候,我们总是请它帮忙。

一个忙碌的家伙!这个问题比你刚才解决的问题多一点挑战性,不过我知道该怎么做。

真了不起。

因为这个展开式的循环节是 6,所以我用 10^6 去乘它,得到

$$1000000x = 428571.428571428571428571\cdots$$

然后从中减去 x。

这就是全部需要做的事了。

我们得到

$$\begin{array}{r} 1000000\,x = 428571.428571428571428571\cdots \\ x = 0.428571428571428571\cdots \\ \hline 999999\,x = 428571.000000000000000000\cdots \end{array}$$

因此

$$999999x = 428571 \Rightarrow x = \frac{428571}{999999}$$

于是

$$0.428571428571428571\cdots = \frac{428571}{999999}$$

最后我们得到一个分数。

的确如此。

它是最简形式吗?

大概不是。最简形式当然很好,但不是必需的,而且约简往往很费力。

但我很想知道它能化为怎样的最简分数。

你可以把它表示为

$$\mathbf{0.428571428571428571\cdots = \frac{428571}{999999} = \frac{3}{7}}$$

变得十分简单。

谁能想到这个小数展开式就是一目了然的分数$\frac{3}{7}$?

约简分数的问题包括因数分解,远不是一件容易的事情,特别在数字相当大的时候。

不过,能把无限转化为有限,这真是很聪明。

这堪称数学的诗篇。你不妨试一试自己是否有胆量解决展开式

$$\mathbf{0.\overline{012345679}}$$

的问题,这里没有数字8,其他数字按通常的顺序排列。

非常有趣。我得看看哪个分数有这样美妙的纯循环展开式。

你确信你最终将得到一个分数吗?

我认为如此,因为当我使用与上面完全相同技巧的时候,势必得到

$$999999999x = 12345679 \Rightarrow x = \frac{12345679}{999999999}$$

说明 $x = 0.\overline{012345679}$是一个分数。

很好。现在请你尝试把这个分数化为它的最简形式,你会大吃一惊。

现在我喜欢做这件事了,不过我认为我们最好先完成我们正在进行的工作。

是的,我们要不断提醒自己,我们已经达到了什么,接下来我们要做什么。

我们已经说明了

$$0.\overline{428571} = \frac{3}{7}$$

或者,如果你更喜欢"大屏幕"版本,那么就是

$$0.42857142857142\cdots = \frac{3}{7}$$

我们最初的任务是找到用

$$\mathbf{0.6242857142857142\cdots}$$

表示的数,它"前面有一个不纯的0.62"。现在所有准备都做好了,我想,你应该能够很快完成这个工作。

让我回过头来检查,我们已经说明了

$$(0.6242857142857142\cdots) \times 100 = 62.42857142857142\cdots$$

然后我们又说明了$0.\overline{428571}$是$\frac{3}{7}$。所以我们可以这样写

$$\begin{aligned}100(0.6242857142857142\cdots) &= 62.428571428571428571 42\cdots \\ &= 62 + 0.42857142857142857142\cdots \\ &= 62 + \frac{3}{7}\end{aligned}$$

$$= \frac{(62 \times 7) + 3}{7}$$

$$\Rightarrow 100(0.6242857142857142\cdots) = \frac{437}{7}$$

$$\Rightarrow 0.6245857142857142\cdots = \frac{437}{700}$$

结束！

完成得很好。这个结果可以用长除法或计算器来验证。

所以混合小数

$$0.62\overline{428571} = \frac{437}{700}$$

也转化为一个分数。

从我们刚才所做的事来看，有一点是明显的，即小数点后面先是有限个数字，然后再是有限个数字的组反复不断出现，任何这样的小数展开式都代表一个有理数。

我能明白你说的话，因为任何时候，我们总可以仿效上面工作中所采取的每一个步骤而产生一个有理数。

不错。那么所有这些对于我们的无理数"老朋友"$\sqrt{2}$的小数展开式有什么意义呢？

哦，是的！它说明$\sqrt{2}$的小数展开式不可能从某个数字开始循环。

为什么？

因为如果是这样，那么$\sqrt{2}$是一个有理数。

而我们确知它不是有理数。

我们并不具体了解$\sqrt{2}$小数展开式的性质，却仍然能说它既不是有限的，也不是从某个时刻开始循环的，这真的很有意思。

我们是从反面来说明的，而事实的确如此。

从我们所讨论的特殊例子，我可以相信，任何有限小数、混合小数或者纯循环小数展开式都代表一个分数，但是不是任何一个分数都具有这三种展开式中的某一种呢?

问得好,答案是“是的”,如果我们花一点时间来认真检查一下运用长除法求一个分数的小数展开式的过程,我们就会懂得,任何分数的展开式*必定*是有限的、混合的或纯循环的。

于是,我只要检查一个小数展开式,发现它不具有循环的模式,我就可以知道它是一个无理数的展开式。

我想说是,尽管没有一个人,也没有一台计算机能指望完全查遍一个小数展开式,从而断定数字的组不能从某个时刻开始反复出现。

那么,如果我仔细检查了一个小数展开式的前一百万个数字,没有发现循环结构,对这个复杂的展开式所表示的数到底是有理数还是无理数,我仍然没有发言权吗?

恐怕是这样。尽管一百万个数字是一个不小的数目,但它们完全可能是某个混合小数最初不循环数字中的一小部分。

有这么长?

是的,要多长有多长。或者,它们也可能是一个混合物,是展开式中全部不循环数字和循环节中的一部分数字。

仍然不知道展开式已经进入循环了吗?

就是这样。

是否可能我看到一个纯循环小数展开式,却不知道它是循环小数?

如果一个小数的循环节大于一百万的话,这很可能。分数

$$\frac{1}{98982277}$$

的循环节有 16493730 个数字。

简直令人惊愕!一个一个算出这个小数展开式的数字困难吗?

生成这个分数以及任何有理数的小数展开式都不困难。它们都能依靠不多于一行的计算机编码,模仿长除法的算法而得到。在这个分数的小数展开式中,小数点后一开始的数字是

0,0,0,0,0,0,0,1,0,1,0,2,8

后面是一个数组，数字排列完全无规则。然后，在总共 16493730 个数字之后，同样的十三个数字又出现了

$$0,0,0,0,0,0,0,1,0,1,0,2,8$$

再接着，以这十三个数字打头，与前面完全相同的数组再度出现。

非常有趣！

是的，对循环小数展开式的研究十分有趣，而且拥有许多珍品。例如 $\frac{1}{61}$ 的小数展开式是

$$0.\overline{016393442622950819672131147540983606557377049180327868852459}$$

这里每个数字在小数点后出现六次。每个数字出现的频率完全相同！请你检查一下。

太令人吃惊了。

你可以利用这个展开式分配六项任务，每项任务随意地分给十个人。

在需要的时候，我有把握运用这些知识了！是不是有很多这样的分数，在它们的小数展开式中每个数字都出现同样的次数？

我不知道，不过我知道如何去探询精彩的例子，并且搜集到几个。而这个问题就留给你自己去思索吧。

我会在今后思索的。我曾经问过你一个很实际的问题，我认为我现在弄懂了。

是什么问题？

当一个数表示为无限小数展开式，我们只检查了展开式的有限个数字，就无法判断这个数的性质。在这种情形，为了引出结论，我们就不得不对我们所不了解的那么多数字作假定……

……让我们借用一位中世纪数学家的比喻，这些未知的数隐藏在"无限的迷雾"中。但无论如何，你总可以利用对有理数的小数展开式的知识去构造无理数。

如何构造？

让我给你举个例子，取所有的自然数

$$1,2,3,4,5,6,7,8,9,10,11,12,$$

13,14,15,16,17,18,19,20,21,…

用它们构造一个小数展开式

0. 123456789101112131415161718192021…①

在这个展开式中,小数点后面的每个自然数都按它们通常的顺序出现。

是故意这么做的?

是的,这就保证整个小数展开式无论从哪里开始都不可能出现循环结构。

这就说明这个小数展开式不可能是一个有理数。真聪明。

不是吗?如果我们承认用这种方式生成的小数展开式不可能循环,那么它就必定是一个无理数的展开式。

这看来几乎是显然的,它不可能从某个时刻开始出现循环的模式。

你可以把"几乎显然"改为"完全显然"。

是的。你还有其他例子吗?

还有例子,但我们离自己最初的目标似乎太远了。

那就再举一个吧。

好,再举一个。无穷小数展开式

0. 101001000000100000000000000000000000000100…

就是另一个无理数。

只用0和1构成?

你发现它的构成方法了吗?

我在想另一个问题。什么样的无理数具有这两个巧妙的小数展开式?

你是问它们是不是像$\sqrt{2}$一样的无理数的小数展开式?

这就是我的意思。

① 此即十进制钱珀瑙恩常数。——原注

我不知道第一个小数展开式是否代表这种类型的无理量，或者代表某种其他类型的联系于有理数的量。但我有把握地告诉你，不严格地说，第二个小数展开式不是"$\sqrt{2}$型"的。

那么是一个陌生的数？

可以这样说。我们最好这样想，这些数仅仅由它们的展开式所定义。如果我们想探询这一类无理数的性质，我们可能永远被它所纠缠。

好，关于小数展开式的讨论给了我很多知识，使我懂得了它们如何联系于有理数和无理数。因为我知道了$\sqrt{2}$的无理性使它的小数展开式不可能从某个时刻起具有一个循环结构，我很有兴趣看看它小数展开式中更多的数字。

听你这么说我很高兴。我认为现在我们该结束对$\sqrt{2}$无理性的一些推论的考察了。

在此之前，我还有个问题，其实这个问题要回到前面，当我们讨论把$\sqrt{2}$放到一个比一个小的区间中去的时候，我就想问了。

什么问题？

我们能不能不断地把区间十等分，把$\sqrt{2}$限制在越来越窄的区间中，由此得到$\sqrt{2}$小数展开式的很多数位，如我们所希望的那么多？

你能不能详细阐述？

好的，当我们指出

$$(1.4)^2=1.96 \text{ 和 } (1.5)^2=2.25$$

我们就知道

$$1.4<\sqrt{2}<1.5$$

是的，因为我们知道$\sqrt{2}$在区间[1.4,1.5]之中，所以我们知道$\sqrt{2}$在数直线上的位置可以精确到十分之一个单位。

那么，现在我们是否可以寻找它位于这个区间的哪个十分之一？

可以，这个区间本身又可以分割为十个子区间：

$$[1.40,1.41],[1.41,1.42],\cdots,[1.48,1.49],[1.49,1.50]$$

而我们能够确定$\sqrt{2}$位于哪一个子区间。

我要说的正是这一点。事实上，因为$(1.4)^2=1.96$而$(1.5)^2=2.25$，所以我们知道$\sqrt{2}$与1.4比与1.5更接近。

然后做什么？

这意味着我将首先从子区间[1.40,1.41]开始检查。

同意。

我已经知道$(1.40)^2=1.96$，而且我可以手算出$(1.41)^2=1.9881$。因为这个数仍然比2小，我计算$(1.42)^2$得到2.0164。现在我知道

$$1.41<\sqrt{2}<1.42$$

于是得到了$\sqrt{2}$小数展开式的一位小数。

顺便问一下，你能不能告诉我，为什么$\sqrt{2}$永远不会落在子区间的端点？

如果它落在子区间的端点，它就有有限的小数展开式，但我们知道它没有。

很好。现在你打算做什么？

把区间[1.41,1.42]再分割为十个子区间：

[1.410,1.411]，[1.411,1.412]，…，[1.418,1.419]，[1.419,1.420]

然后确定$\sqrt{2}$位于哪一个子区间。

你打算从哪里开始检查？

我得想一想这个问题。大概可以从1.411的平方开始。

好的，照你的想法做，可以算出

$$\mathbf{(1.411)^2=1.990921}$$

$$\mathbf{(1.412)^2=1.993744}$$

$$\mathbf{(1.413)^2=1.996569}$$

$$\mathbf{(1.414)^2=1.999396}$$

$$\mathbf{(1.415)^2=2.002225}$$

从而发现

$$1.414<\sqrt{2}<1.415$$

我可以跳过这些平方中的一些,直接到达$(1.414)^2$。

即便你这样做,你也可以发现,计算平方包含着大量工作。现在你仅仅知道了$\sqrt{2}$的两个小数位。

开始的时候我觉得很轻松。但要获得第三位小数就包含大量工作,而要获得第四位小数工作将更多,再往后更其如此。

这个过程一遍又一遍地重复,确定了所谓小数展开式。从理论上说,它使我们能够确定一个数的小数展开式的各位数字,我们希望多少,就能确定多少。

在理论上可行,但实行起来却很慢,是吗?

是的,把这个繁琐的方法与我们熟知的方法相比,当时根据你的规则,运用不多的几个加法和基本的乘、除法,我们就发现

$$\frac{239}{169}<\sqrt{2}<\frac{577}{408}$$

再对这两个分数运用长除法,小数位都不必保留太多,就有

$$1.414201183431952\cdots<\sqrt{2}<1.4142156862745099\cdots$$

……小数展开式的前四个数字——印象深刻。生成更多更多的分数,看来是更好的方法。

可能是这样,假如我们能够解决其他一些我们尚未解答的问题。

第 3 章　代数的功能

现在我们该对数列

$$\frac{1}{1}, \frac{3}{2}, \frac{7}{5}, \frac{17}{12}, \frac{41}{29}, \frac{99}{70}, \frac{239}{169}, \frac{577}{408}, \cdots$$

作一番认真研究了吧？

的确如此，我们不必再等待了。

第一件事，我希望你证明它具有正或负 1 的性质。

哦，是的，你猜想这个数列的任何项都具有这个性质，就是"分子的平方减去分母平方的两倍"的差是 -1 和 1 交替出现。

或者你告诉我该怎样自己去证明它。

但在一般的情形，这个性质可能不真。

我敢打赌，这个性质必定是真的！

我知道你已经对前八个分数验证了这个结论，但为什么这不可能仅仅是巧合，如同律师们常说的，只是一个偶然的证据？

不会那么巧合吧？

可能的确就是一个巧合。我们还未生成的那些分数可能都没有这个性质，也可能其中一些有，而其他的则没有。

从逻辑上说，我知道你的话是正确的，除非我提出相反的证据，但我的直觉告诉我，这个数列中所有分数都具有这个性质。

这么有信心！好，让我们首先了解这种交替的性质是否传递到整个无穷数列。

交替的性质？——哦，这是正或负1性质更简明的说法。

你能体会，如果能够证明的话，这个证明要用到一点代数方法。

我赞成，要考虑无穷多个对象，就必须使用代数方法。

是的，算术只能处理有限多个对象，当有无穷多个对象时，算术就无法应付了。

无穷多个对象无法一一接受检查，而交替性就是有无穷多个对象的问题。

是的，代数方法能够证明一般的正确性。可以说这是代数的一个大“卖点”。

对像我这样的人来说，这简直太好了，我正需要一种能针对数列中任意项的思路。

无可讳言，很多人总是避免提及代数方法；而你已利用它做了这么多出色的工作。

是的，我也这样想。当你认识到为什么它是必须的，看见它能做些什么，你就能积极地去运用它了。

那就让我们在这种愉快的气氛中开始工作吧。

但我们从哪里开始呢？

我们先回忆数列

$$\frac{1}{1},\ \frac{3}{2},\ \frac{7}{5},\ \frac{17}{12},\ \frac{41}{29},\ \frac{99}{70},\ \cdots$$

是怎样按你发现的绝妙的规则生成的。

这个规则是说：

> 为求得数列中后一个分数的分母，应把前一个分数的分子与分母相加；为求得数列中后一个分数的分子，应把前一个分数的分子与分母的两倍相加。

就像我们说过的，非常简单扼要。

我真惊讶你有这么好的记忆力。现在我们能不能把这冗长的口头叙

述转变为比较简洁而易于理解的数学规则？

毫无疑问，应该用字母来处理。

是的，如果我们找到一个好方法做这件事，我们肯定会有很多收获。

听上去好像是承诺。

为了把事情变得略微简单一点，我打算对规则作一点小小的词语上的改动——不改变规则。我用单词当前的**代替单词**先前的**，于是规则就变为：**

为求得数列中后一个分数的分母，应把当前分数的分子与分母相加；为求得数列中后一个分数的分子，应把当前分数的分子与分母的两倍相加。

这样，在用这个规则不断生成数列的项的时候，当前的分数就是我们以前所说的现在的分数吗？

或者说是这样一个分数，我们刚刚运用规则把它生成，又把规则运用于它来生成数列中的下一个分数。我们怎样用字母来表示这个当前的分数呢？

就像以前一样，用

$$\frac{m}{n}$$

行吗？

为什么不行呢？这里 m 代表分子，而 n 代表分母。用这种注记，我们不牵涉任何特殊的分数，可以自由讨论数列中任何一个分数，而不确指某一个分数。当我们想讨论一个特定的分数时，我们只要给一般的分子 m 和分母 n 赋值，它就成了这个分数。

于是，如果我们要讨论数列中的第三个分数$\frac{7}{5}$，我们就说 m 的值是 7，而 n 的值是 5。

完全正确。

又如果$\frac{m}{n}$是第六个分数 $\frac{99}{70}$，那么 $m=99$，而 $n=70$。

为什么不把你所描述的规则翻译为包含 m 和 n 的语言呢？

我来试一试。先看分母，规则说，为求得数列中后一个分数的分母，应把当前这个分数的分子与分母相加。

是的。

“把当前这个分数的分子与分母相加”就翻译为 $m+n$。

完全正确。就是简单的 $m+n$。可以说，代数就是字母的算术。

它并不很困难。

一旦你动手做一做，你就知道它并不神秘。现在对下一个分数的分子做同样的工作。

好的，规则说，为了得到下一个分子，“应把当前这个分数的分子与分母的两倍相加。”这就翻译成 $m+2n$。

也正确，非常简明。

是的，一旦有你引导就不困难了。

那么数列中 $\frac{m}{n}$ 后面一个分数是什么？

根据我们刚才所说的，我想它是

$$\frac{m+2n}{m+n}$$

好。你已经把规则的叙述写成更简洁的形式，这是一件了不起的工作。有时我们写为

$$\frac{m}{n} \to \frac{m+2n}{m+n}$$

而把→读成“成为”。

这样在口头上，规则就是“n 分之 m 成为 $m+n$ 分之 $m+2n$，”对吗？

这是一种说法。我们通常用词组“变换为”“映射为”或“生成”来代替“成为”。不论怎么说，规则都是叙述典型分数 $\frac{m}{n}$ 如何变换为或转变为下一个分数 $\frac{m+2n}{m+n}$。尽管它包含若干日常语言所没有的字母，但这样来表述规则形式简短而且便于书写。

我不得不同意，但我可能要慢慢适应它。

现在你可以就具体情形来检验规则的“代数”形式。

好啊，这将给我实践的机会，你希望我对哪个分数来应用它？

从第一个做起，就从分数$\frac{1}{1}$开始来检验它？

在这种情况，$m=1$ 且 $n=1$，上面的表达式表明

$$\frac{1}{1}\rightarrow\frac{1+2(1)}{1+1}=\frac{3}{2}$$

正确。

现在对这个运算的结果再作一次检验。

你是说对$\frac{3}{2}$？

是的。

由 $m=3$ 且 $n=2$，代数规则给出

$$\frac{3}{2}\rightarrow\frac{3+2(2)}{3+2}=\frac{7}{5}。$$

再一次正确。现在你可以给这个规则编写一个计算机程序，从第一个分数$\frac{1}{1}$开始，计算机能够在转瞬之间连续不断地生成这个数列成百上千个项，轻松地做你曾做过的事情。

计算机运算速度之快是无可置疑的，而我们正在编写程序。

千真万确。

3.1 种子，繁衍，世世代代

现在该做什么呢？

让我们提醒自己，我们的任务是什么。

我们的任务是证明数列

$$\frac{1}{1}, \frac{3}{2}, \frac{7}{5}, \frac{17}{12}, \frac{41}{29}, \frac{99}{70}, \frac{239}{169}, \frac{577}{408}, \cdots$$

中每个分数“分子平方减去分母平方两倍”的那个量是 -1 或者 1。

是的，我们希望建立交替的性质。如果我们成功了，就意味着我们能无限地生成一种完全平方数，这种完全平方数与另一个完全平方数的两倍相差 1。

这就是分子所生成的数列，就像我对它们的称呼，它们与分母平方的两倍“擦肩而过”。

就是指这个，我们能生成无数个“擦肩而过”。回到我们的讨论，现在我们知道，这个数列是运用规则

$$\frac{m}{n} \to \frac{m+2n}{m+n}$$

而生成的：先对分数$\frac{1}{1}$运用规则，得到下一项，然后对这个“新生的”分数运用规则产生数列的再下一项，并依此类推，规则不断地作用于刚产生的一项。

这样看来，仅仅是种子和规则在起作用，此后的一切都由它们决定。

对你作出这样的观察我很高兴。分数$\frac{1}{1}$可以看作一颗“种子”，由反复运用相同的规则，不断繁衍出数列的世世代代。

而数列就是由一条线索遗传而生成的家族树。

可以这样说，而如此看来，我们要证明的就是原始种子的某种特征性质能够从一代遗传到下一代。

能不能对不同种子运用同样的规则而得到不同的数列，并且种子的某些原始性质得以保持？

我们可以肯定地说，运用相同的规则于不同的种子，在每一代将得到不同的分数。至于原始性质是否能遗传正是需要证明的，而我们正在取得进展。现在我们想要证明，对由这个规则生成的数列的任何一项，都有

分子的平方减去分母平方的两倍是 -1 或者 1。

就是交替性质。

也可以用简明但非数学的语言说："上面的平方减去下面平方的两倍是 -1 或者 1。"

这种说法能被接受吗？

能帮助我们清晰思维的任何东西都值得欢迎。

"上面的平方减去下面平方的两倍"就是这样的东西。

看看你能不能把它转化为关于 m 和 n 的陈述。

好的，我想，既然$\frac{m}{n}$代表数列中的任意项，那么上面的平方就是 m^2。

正是。

下面平方的两倍就是 $2n^2$。

也没问题。

对于典型分数$\frac{m}{n}$，用包含 m 和 n 的话说："上面的平方减去下面平方的两倍"就是 m^2-2n^2。

你做得很好。现在关于交替性质的断言该怎样叙述？

那就是$\frac{m}{n}$从数列中任意一项到达下一项时，m^2-2n^2 这个量交替地等于 -1 和 1。

说得很准确。顺便问一句，当$\frac{m}{n}$是数列中第一项的时候，m^2-2n^2 是什么？

这时$m=1$ 且 $n=1$，$m^2-2n^2=1-2(1)^2=1-2=-1$，这是我们已经知道的。

所以下一次它应是1，而且也确实如此，因为$3^2-2(2)^2=9-8=1$，这也是我们已经知道的。

但我如何证明数列中的分数始终保持这种交替的模式呢？

这就是问题的关键。想一想你打算用包含 m 和 n 的语言来表达什么。

好，如果对于分数$\frac{m}{n}$，$m^2-2n^2=-1$，那么对下一个分数这个量就必须是1。反之亦然，如果对于分数$\frac{m}{n}$，$m^2-2n^2=1$，那么对后面一个分数它就应该等于-1。

当你使用词组“这个量”的时候，你指的是什么？你不是再一次指m^2-2n^2吧？

不是。我已经体会到我这样表达不准确，我指什么？我必须想一想。

你想吧。

我找到答案了，我是指下一个分数上面的平方减去下面平方的两倍正好与分数$\frac{m}{n}$的情况相反。

真了不起。现在你把事情弄清楚了。在这个问题中，我们不仅讨论分数$\frac{m}{n}$，还要讨论它后面一个分数。

根据生成规则，它后面一个分数是

$$\frac{m+2n}{m+n}$$

现在需要对这个分数，把“上面的平方减去下面平方的两倍”翻译为代数语言。

哦，是的，我现在必须对分数$\frac{m+2n}{m+n}$做刚才对$\frac{m}{n}$所做的事。

不错。

在这种情况下，上面的平方是$(m+2n)^2$，而下面的平方是

$(m+n)^2$,接下去该怎么办,我已经忘了学校里是怎么说的,你能帮助我吗?

当然,首先,

$$(m+2n)^2=m^2+4mn+4n^2$$①

而

$$(m+n)^2=m^2+2mn+n^2$$

谢谢。让我看看在你的帮助下我能做些什么,我得到

(上面的平方)-(下面平方的两倍)

$$=(m+2n)^2-2(m+n)^2$$

现在,

$$\begin{aligned}(m+2n)^2-2(m+n)^2&=(m^2+4mn+4n^2)-2(m^2+2mn+n^2)\\&=m^2+4mn+4n^2-2m^2-4mn-2n^2\\&=-m^2+2n^2\end{aligned}$$

算出来了。

非常好!

因为分数$\frac{m+2n}{m+n}$看上去比$\frac{m}{n}$复杂得多,答案也复杂就不足为奇了。

我不认为答案复杂,其实这个答案出奇地简单。

事实上很熟悉,答案$-m^2+2n^2$与关于分数$\frac{m}{n}$的m^2-2n^2不是很相像吗?

非常出色的观察!你能指出$-m^2+2n^2$与m^2-2n^2之间确切的关系吗?

它们互为相反数吗?

是的,因为$-m^2+2n^2=-(m^2-2n^2)$。这个关系就足以解释我们想要证明的结论了。

① 见本章注释1。—— 原注

让我看看我能不能解释。我们已经说明了典型分数$\frac{m}{n}$上面的平方减去下面平方的两倍是m^2-2n^2，而对下一个分数$\frac{m+2n}{m+n}$，这个量是$-(m^2-2n^2)$。

注意符号……

……不论$\frac{m}{n}$上面的平方减去下面平方的两倍是什么，下一个分数$\frac{m+2n}{m+n}$上面的平方减去下面平方的两倍恰恰是它的相反数。

无可辩驳，请继续。

因为对数列中第一个分数$\frac{1}{1}$，上面的平方减去下面平方的两倍是-1，对下一个分数$\frac{3}{2}$它就必定是1，对第三个分数$\frac{7}{5}$它又是-1，并且依此类推，直至无穷。

非常出色！你已经用代数方法证明了为什么对数列

$$\frac{1}{1},\frac{3}{2},\frac{7}{5},\frac{17}{12},\frac{41}{29},\frac{99}{70},\frac{239}{169},\frac{577}{408},\cdots$$

中任何分数，分子的平方减去分母平方的两倍总是-1或1。你还建立了交替的性质。

做得棒极了。

我们已经证明这个结论了吗？

是的，如果我们接受这样的数学原理：想象有一把梯子，每两级的间隔相等，一直通往无限。数学承认这样的原理，如果我们能登上这把梯子的第一级，并且能从一级跨上更高的一级，那么我们就能登上梯子的任何一级。

但哪里有这样的梯子？

梯子就是分数的数列，每一个分数就是间隔相等的一级。

这样，种子就是梯子的第一级。

是的，而跨出一步就是指性质从一个分数传递到下一个分数。

这样的步子走遍整个数列。

不错。

种子的一个性质必定能遗传到整个数列，想不到原因如此简单。

这就是代数的功能。

我开始对代数证明感兴趣了。弄懂一件事情的所以然能使人更好地理解它，我希望有更多这样的挑战。

很好，其实，数学就是一系列没有止境的挑战，有些问题简单，有些则困难得多。说到挑战，我们还有一个尚未解决的问题。

3.2 包含所有的,还是不?

我们将面对怎样的挑战?

回答你此前提出的关于数列

$$\frac{1}{1},\frac{3}{2},\frac{7}{5},\frac{17}{12},\frac{41}{29},\frac{99}{70},\cdots$$

的第二个问题。

什么问题?

像通常那样用$\frac{m}{n}$表示典型分数。我们如何才能断定,只有这个数列中的分数才具有 m^2-2n^2 等于正或负 1 的性质?

我已经忘了,不过我回想起来,当我第一次遇见这个问题时,我就很想知道它的答案。

我知道你对此感兴趣。如果交替性质只对这个数列成立,那么这个性质还具有唯一性。

但你打算如何回答这个问题?

在心里反复思考这个问题,希望找到解决它的一些策略。

这就是说,对问题作周密的考察,直到你发现该从何入手?

是的,即便这种考察最后徒劳无功,它也能给我们某些启发。现在,为了找到从何入手,让我把问题作一个小小的改动:如果谁给我两个整数 p 和 q,对我说,它们满足 $p^2-2q^2=1$ 或者 $p^2-2q^2=-1$,我能不能说这个分数$\frac{p}{q}$属于上面的数列,还是说它有可能不属于这个数列?

顺便问一句,你一直使用$\frac{m}{n}$作为典型分数,现在却改为$\frac{p}{q}$,有什么原因吗?

我们可以仍然使用$\frac{m}{n}$或者任何其他字母,譬如$\frac{n}{d}$,这里 n 代表分子而 d 代表分母。通常,当你曾经使用$\frac{m}{n}$,再用$\frac{p}{q}$仅仅如同换了件衣服。

我并不反对$\frac{p}{q}$，我只是想知道，在这个特殊问题中，你选择字母是否有什么用意。

只是因为在这种情况下，使用不同于$\frac{m}{n}$的字母更合适，到现在为止，$\frac{m}{n}$都是作为上面数列中的典型元素。现在我们想对分数$\frac{p}{q}$是否这个数列的元素保持一种开放的态度。通过与$\frac{m}{n}$不同的命名，我们避免了任何这样的联想。

我理解你的想法了。

你对于回答这个问题有没有什么直觉？

我曾这样想，分数$\frac{p}{q}$必定属于这个数列，因为当我观察前三十个平方数和它们的两倍时，我没有遇见任何例外。但我找不到能始终如此的理由。

这样你对问题就有一个开放的思考了。

我想是的。$\frac{p}{q}$可能是一个自行其是者。

你的意思是分数$\frac{p}{q}$不在“我们的”数列

$$\frac{1}{1},\ \frac{3}{2},\ \frac{7}{5},\ \frac{17}{12},\ \frac{41}{29},\ \frac{99}{70},\ \cdots$$

中，但具有分子平方减去分母平方的两倍是正或负 1 这个性质。

是的。

好，我想，“自行其是者”已引起你充分的注意。让我给你一个分数

$$\frac{47321}{33461}$$

并且告诉你

$$47321^2-2(33461)^2=2239277041-2(1119638521)=-1$$

这个分数是自行其是者吗？你怎么想？

我们还没有算出我们数列的足够多的项，不足以检查这个特殊的例子是否在数列中。

我知道，如果你计算了数列更多的项，并且遇见这个分数，你就确知它不是自行其是者了。事实上，它是数列的第十三项。但如果自行其是者的确存在，你如何证明它是自行其是者而不在数列中呢？

当我们顺着数列往下看时，分数的分子和分母中数字的个数都在增大，难道我们不能用这个事实来证明吗？

很遗憾，这只是一个观察；我们还没有切实证明这是一般的事实。

你是对的，我知道，不过假定这是真的……

……以此作为论据吗？

是的，然后，我们只要生成这个数列中足够多的分数，直到遇见这样的分数，它的分母就是我们正在检查的那个分数的分母……

……就像刚才这个分母33461？

是的，或者直到我们所生成分数的分母大于所检查分数的分母，而没有一个与它相等。

在这种情况，你就知道这个分数是一个自行其是者。

我的想法是：生成这个数列的足够多的项，最终说明我们正在检查的分数在或者不在这个数列中。

如果它不在这个数列中，那么我们就找到了一个自行其是者，而我们的全部工作就可以结束了。

当然。

即便我们允许这样的程序，还得问一句，如果你没找到自行其是者，而检查一个有巨大分子和分母的分数又要耗费大量时间，那你怎么办？

我知道这是一个现实的问题。即便我检查了一百万个分数，而没有发现自行其是者，尽管这会使我更加相信不存在自行其是者，却不能一般地证明这一点。

所以你还有其他想法吗？

为说明自行其是者不存在，就必须证明，如果一个分数$\frac{p}{q}$满足

p^2-2q^2 等于正或负 1，这个分数就一定在数列中。

如果我们能证明这一点，那问题就解决了。

如果事实上这个结论是真的，我该如何证明它呢？

好，除了计算数列的很多项，而验明分数到底在哪里之外，有没有其他办法能检查分数 $\frac{47321}{33461}$ 是否在数列中呢？

让我想一想。我可能找到了另一种方法。如果这个分数在数列中，那么通过"反推"，我就能找到我所熟悉的数列的项。

这足以说明问题吗？

当然，因为从这个已知在数列中的分数向前推，我就能回到那个被检查的分数。

我同意。这样不就不必一一检查每个分数了吗？

等一等！我的建议只是纸上谈兵。我不知道我能不能真正来实现所需要的反推步骤，即便对 $\frac{47321}{33461}$ 这种特殊情况。

我相信你能。不过你刚才的话确实很重要，因为它告诉我们，在进一步讨论之前，我们还得先做些事。

做什么？

我们要仔细考虑从分数 $\frac{p}{q}$ 到它前一个分数的反推技巧的具体细节。

一个很明确的任务。我知道如何根据下面的关系往前推

$$\frac{p}{q} \to \frac{p+2q}{p+q}$$

而现在必须认真想一想如何往后推。

只要我们处理得当，关于往前推的知识将说明如何往后推。

但怎样处理得当呢？

给 $\frac{p}{q}$ 前面那个分数一个临时的命名，譬如 $\frac{r}{s}$，这里 r 是它的分子而 s 是它的分母。然后根据你对如何从 $\frac{r}{s}$ 变成为 $\frac{p}{q}$ 的了解，算出 r,s,p 和 q

的关系。

听上去好像没有什么新鲜事。好，让我看看能不能完成这个工作。因为新分数的分母是老分子与老分母的和，所以它应该是：

$$q = r + s$$

很好。

因为新分数的分子是老分子与老分母两倍的和，所以它必定是

$$p = r + 2s$$

这样就有

$$p = r + 2s$$

$$q = r + s$$

看起来与我们学校老师所说的“联立方程”非常相像。

的确如此，而且很简单，根据它们，你可以用 p 和 q 来表示 r 和 s。

我已经忘了那些技巧，请你帮助我吧。

好吧，但我仅仅启发你开始工作。如果从第一个方程中减去第二个方程，我们就得到

$$p - q = s$$

已经算出了分母 s。这倒不难。

从一个方程减去另一个，所谓消去了 r。因为联立方程中的第一个说明

$$r = p - 2s$$

现在就很容易用 p 和 q 表示 r。

但是方程中还有 $2s$。

是的，现在我们用 $2(p-q)$ 来代替它，就得到

$$r = p - 2(p - q) = p - 2p + 2q$$

或者

$$r = 2q - p$$

工作完成了。

太好了。这样就有

$$\frac{r}{s}=\frac{2q-p}{p-q}$$

它是$\frac{p}{q}$的前一个分数。

不错。准确地说，必须有 $p-q$ 不等于零。

因为零作除数没有意义。

是的，如果 $p-q=0$，那么就有 $p=q$，于是 $\frac{p}{q}=\frac{p}{p}=\frac{1}{1}$。

而我们不考虑$\frac{1}{1}$之前的分数。

让我们来验证$\frac{r}{s}$根据原规则能够回到$\frac{p}{q}$。把分数$\frac{r}{s}$的分子与分母相加，并用 p,q 表示，就有

$$(2q-p)+(p-q)=q$$

这是分数$\frac{p}{q}$的分母，正如我们所希望的。

我把这个分数的分子与分母的两倍相加，得到

$$(2q-p)+2(p-q)=2q-p+2p-2q=p$$

正好是分数$\frac{p}{q}$的分子。这真了不起。

拆去临时的脚手架$\frac{r}{s}$，我们可以把反推过程写为

$$\frac{2q-p}{p-q}\leftarrow\frac{p}{q}$$

因为这个规则引领我们逆着数列的方向推导，我们可以把←读成“反推到”。

有道理。我想试一试把这个“反推的规则”应用于$\frac{47321}{33461}$。

好啊，那就动手吧！

我从右到左来写，为什么不可以呢？这样就得到

$$\frac{19601}{13860}=\frac{2(33461)-47321}{47321-33461}\leftarrow\frac{47321}{33461}$$

这还不是我遇见过的分数。

你还得再做几步反推工作，坚持下去，直到命中自己熟悉的目标。

好的，我继续工作，有

$$\frac{577}{408} \leftarrow \frac{1393}{985} \leftarrow \frac{3363}{2378} \leftarrow \frac{8119}{5741} \leftarrow \frac{19601}{13860} \leftarrow \frac{47321}{33461}$$

最后我命中了$\frac{577}{408}$，我知道它在数列中。

终于找到了。如果我们再应用几次反推规则，我们还能得到

$$\mathbf{\frac{1}{1} \leftarrow \frac{3}{2} \leftarrow \frac{7}{5} \leftarrow \frac{17}{12} \leftarrow \frac{41}{29} \leftarrow \frac{99}{70} \leftarrow \frac{239}{169} \leftarrow \frac{577}{408}}$$

它带我们回到种子分数$\mathbf{\frac{1}{1}}$，这正是我们所期待的。

如果我继续运用反推规则，会发生什么？

你可以试一试，看会发生什么。

我得到

$$\cdots -\frac{7}{5} \leftarrow -\frac{3}{2} \leftarrow -\frac{1}{1} \leftarrow \frac{1}{0} \leftarrow \frac{1}{1}$$

在$\frac{1}{0}$左面数列又出现了，不过现在每一项的前面都带有负号。但此前我们不是说过零不能作除数，不允许在分数线下出现零吗？

说得没错，我们要指出，一旦运用反推规则我们的数列越过了种子$\mathbf{\frac{1}{1}}$，我们就不必关心会发生什么事情。

既然你这么说，那很好。我现在不仅懂得如何把数列往前推导，而且懂得如何把数列往后推导。

这说明你已准备好转向正题：每个满足$\boldsymbol{p^2-2q^2=\pm 1}$的$\boldsymbol{\frac{p}{q}}$都是这个数列的元素吗？

有可能，不过你在 1 的前面同时写上正号和负号，这是什么意思？

它读作“正负 1”，是简缩的写法，即可能是 1 或 −1。

不能同时取两个吗?

对;或者取 1,或者取 -1,而不能同时取二者。

我想,我们所希望的就是这样。

是的,当所讨论的问题有两种可能的结果时,写成 ±1 是很便捷的表达方法。现在我们可以用学过的知识来证明,这个数列包含所有具有正负 1 性质的分数,而不存在自行其是者。

我希望如此,但你还得给我指导。

我们要证明在反推规则下,每个具有性质 $p^2-2q^2=\pm1$ 的分数 $\frac{p}{q}$ 都能回到种子 $\frac{1}{1}$。

但如果我们并没有假定 $\frac{p}{q}$ 确实在数列中,我们怎么能保证按反推规则得到的分数也具有 ±1 的性质呢?

这正是我们现在要解决的关键问题。为什么不算一算这个分数上面的平方减去下面平方的两倍,看看会得到什么呢?

对分数 $\frac{2q-p}{p-q}$ 吗?

是的。我们得到

$$\begin{aligned}(2q-p)^2-2(p-q)^2&=4q^2-4pq+p^2-2(p^2-2pq+q^2)\\&=4q^2-4pq+p^2-2p^2+4pq-2q^2\\&=2q^2-p^2\end{aligned}$$

$$\Rightarrow(2q-p)^2-2(p-q)^2=-(p^2-2q^2)$$

于是 p^2-2q^2 又出现了,不过前面带一个负号。

是的,这个结果最有说服力,因为它告诉我们,如果 $\frac{p}{q}$ 上面的平方减去下面平方两倍这个量是 1,那么运用反推规则得到的前面一个分数的这个量就是 -1。

如果 $\frac{p}{q}$ 上面的平方减去下面平方的两倍是 -1,那么前面一个分数的这个量就是 1。

是的，这都是因为$(2q-p)^2-2(p-q)^2=-(p^2-2q^2)$。

确实很简单。这样，无论$\frac{p}{q}$是否在数列中，由它反推得到的那个分数都具有这样的性质，即分子的平方减去分母平方的两倍等于 ±1。

只要$\frac{p}{q}$自身具有这个性质，当然，这一点我们已经说明了。顺便问一句，你能不能确定反推规则总能推得一个分数，如果是的话，它总能推得更小的分数吗？

哦！我认可这些结论，部分的原因是从具体例子看出来。但我认为两个答案都是肯定的。如果 p 和 q 是整数，那么 $2q-p$ 和 $p-q$ 也是整数，把它们相除就得到一个分数。

我想，我们将认可这一点而不再怀疑。

那我就安心了！在例子中，$2q-p$ 总是小于 p，$p-q$ 总是小于 q。对正数 p 和 q，这不是很容易证明的吗？

是的，你可以另找时间去证明这一点。

好的。现在我们要做的全部工作就是证明分数$\frac{p}{q}$能反推到种子$\frac{1}{1}$，而不会是其他数。

你怎么知道通过有限步你能回得去？

你怎么总是提出这些烦人的小问题？这几乎不近情理。

我知道，有人可能会说，这是从畏首畏尾、谨小慎微的数学家那里学到的令人厌烦的习惯，这些数学家要检查每一个假设。

比律师更令人厌烦！不过我能回答你的问题。我想是这样的：无论分母 q 有多大，它总是一个有限的数。现在反推程序每一步都在减小分母，在最不利的情形，至多反推 q 次，总能回到最小的数。

像一个数学家在辩论。事实上，如同我们从例子中看到的，分母的减小要迅速得多。

好，我很高兴这也是一种证明方法。我担心的是从$\frac{p}{q}$反推最终会通向别的什么数。不过现在我已经开始有信心，只要反推过程始终保持在数列之中，它就必定回到$\frac{1}{1}$。

当然，但你怎么知道这一点？或者更重要的，如果不是这样呢？

如果不是这样，怎么可能有一条平行的路径通往像$\frac{1}{1}$一样小的种子呢？即便有，它又可能是什么呢？以前观察擦肩而过现象的时候，我没有发现任何其他的可能。

我想，我还没弄清你的思路。

分数$\frac{p}{q}$必定回到一个像$\frac{1}{1}$一样绝对小的数，进一步对它运用反推规则就会发生断裂。

什么是断裂？

我是指分子和分母不再都是正数。就像我们前面所看到的，对$\frac{1}{1}$运用反推规则得到无意义的$\frac{1}{0}$，这里分母就不是正数。

请继续说下去。

我们知道，反推过程从$\frac{p}{q}$出发，经过有限步回到种子$\frac{a}{b}$。我们必须证明的是，$\frac{a}{b}$必定就是$\frac{1}{1}$。

如果我们能证得这一点，我就信服。

但如何把我刚才说的话转变为代数形式，一劳永逸地解决问题呢？

正如我们刚才所讨论的，反推过程从$\frac{p}{q}$出发，经过有限步回到种子$\frac{a}{b}$，所以让我们考察一下，关于$\frac{a}{b}$我们能说些什么。

有 $a^2-2b^2=\pm1$。

这是肯定的，还有 a 和 b 是正整数；而且，因为 $\frac{2b-a}{a-b}$ 是由反推规则所得到的 $\frac{a}{b}$ 的前一个分数，所以 $2b-a\leqslant 0$ 和 $a-b\leqslant 0$ 中至少有一个成立。

因为我所说的 $\frac{a}{b}$ 绝对小吗？

是的，准确地说，分子和分母都是正整数情况下的最小数。因为如果 $2b-a$ 和 $a-b$ 都是正整数，那么 $\frac{2b-a}{a-b}$ 小于 $\frac{a}{b}$，就会引出矛盾。

因为有了比 $\frac{a}{b}$ 小的正分数，而我们假定 $\frac{a}{b}$ 是最小的这样的分数。

对。现在我们来考察两个不等式分别告诉我们些什么。

不等式 $2b-a\leqslant 0$ 和 $a-b\leqslant 0$ 吗？

是的。先看 $2b-a\leqslant 0$，这导致 $2b\leqslant a$，又因为 a 和 b 都是正数，因此我们可以说 $4b^2\leqslant a^2$。

如果没有 a 和 b 都是正数的条件，我们就不能这样说了吗？

不能说。处理不等式的时候必须特别当心。例如，把正确的不等式 $2(-7)\leqslant -13$ 的两边平方，不等号必须改变方向，得到 $[2(-7)]^2\geqslant(-13)^2$。如果你忘了做这件事，你就会得到荒唐的 $196\leqslant 169$。

这就是你强调 a 和 b 都是正数的原因吗？

是的。而当不等式的两边都是正数时，不等号方向不变。现在

$$\begin{aligned}a^2\geqslant 4b^2 &\Rightarrow a^2-2b^2\geqslant 4b^2-2b^2\\ &\Rightarrow a^2-2b^2\geqslant 2b^2\\ &\Rightarrow \pm 1\geqslant 2b^2\end{aligned}$$

这是因为我们知道 $a^2-2b^2=\pm 1$。

过后我得自己再慢慢想一想这个过程中的每一步。不过我很乐意接受这个结果，我们可以利用它来推进我们的工作。

一旦有了这个不等式，剩下的工作就很简单。因为 b 是正整数，所以 $2b^2$ 至少是 2，这样就不可能有 $2b^2\leqslant 1$，也就不可能有 $2b-a\leqslant 0$。

于是你就像古希腊人一样用矛盾证明了结论。

的确如此！在从$\frac{a}{b}$反推到$\frac{2b-a}{a-b}$的这一步，分子 $2b-a$ 不会成为非正数。

那么另一种情形 $a-b\leqslant 0$ 就必定会出现。

我们就来检查这种情形

$$\begin{aligned} a-b\leqslant 0 &\Rightarrow a\leqslant b \\ &\Rightarrow a^2\leqslant b^2 (\text{因为 } a \text{ 和 } b \text{ 都是正数}) \\ &\Rightarrow a^2-2b^2\leqslant b^2-2b^2 \\ &\Rightarrow a^2-2b^2\leqslant -b^2 \\ &\Rightarrow \pm 1\leqslant -b^2 \end{aligned}$$

这里再一次用了 $a^2-2b^2=\pm 1$。

我发现 $1\leqslant -b^2$ 是不可能的，这是因为 1 是正数，而 b 是正整数，所以 $-b^2$ 是负数。

还剩下什么可能？

$a^2-2b^2=-1$ 而且 $-1\leqslant -b^2$。如果我没有错，只有$b=1$才有 $-1\leqslant -b^2$。

你没有错。b 是正整数就排除了仅有的其他可能 $b=-1$。

这绝对是惊人的，它说 b 必须是 1。我相信这表明 a 也必须是 1，如果是这样，那么$\frac{a}{b}=\frac{1}{1}$，而这正是我们要证明的。

$a=1$ 吗？

是啊，$b=1$ 而且 $a^2-2b^2=-1$，于是 $a^2-2=-1$，也就是 $a^2=1$。因为 a 是正整数，这就推出 $a=1$。我们的问题解决了。

是的，我们的问题解决了。很出色！

证明如果$\frac{p}{q}$满足 $p^2-2q^2=\pm 1$，那么它就是数列

$$\frac{1}{1}, \frac{3}{2}, \frac{7}{5}, \frac{17}{12}, \frac{41}{29}, \frac{99}{70}, \cdots$$

的项，这可不是件容易的事情。

的确不容易，但我们做到了。

从现在起，我必须提些简单的问题。

3.3 数列的拆分

好不容易解决了刚才的问题,我们需要歇一歇,喘口气。

确实。但不要因此影响我们的工作。

在观察你后来称之为擦肩而过现象的时候,我们首先遇见一个数列

$$\frac{1}{1},\frac{3}{2},\frac{7}{5},\frac{17}{12},\frac{41}{29},\frac{99}{70},\frac{239}{169},\frac{577}{408},\cdots$$

我们用一点时间来回顾一下,关于这个数列我们现在知道些什么。

我们首先知道如何运用规则

$$\frac{m}{n}\to\frac{m+2n}{m+n}$$

生成这个数列的项:先对种子$\frac{1}{1}$运用规则,接着再对所生成的分数运用规则,并且依此类推,对每一个新生成的分数运用规则,我们想要多少项,就能生成多少项。

如我们事先所要求的那么多项。

其次,由这个简单的规则,我们知道为什么对数列中每一个分数$\frac{m}{n}$,都有

$$m^2-2n^2=\pm1$$

是的,我们能够解释,为什么种子分数的某种特性能够通过规则传递到数列中的每一个分数。并由此得到正或负1的模式。

我很喜欢说明这一点的那个推理过程。

而且,作为最近一个结果,相当曲折,我们还知道只有这个数列中的分数才满足 $m^2-2n^2=\pm1$。

这是一个很艰难的证明。我需要再花时间温习,直到确信自己已经充分理解它。

我们可以从稍稍不同的角度看待这个结论。如我们前面所说,等式 $m^2-2n^2=\pm1$ 等价于

$$m^2=2n^2\pm1$$

也就是说完全平方数 m^2 与 $2n^2$ 相差 1。这就意味着这个数列中分数的分子，而且只有它们，给出所有这样的完全平方数，它们与另外某一个完全平方数的两倍相差 1。

于是给出所有的擦肩而过，真是不可思议。

你关于擦肩而过的一个观察竟引出这么多的发现，这确实令人惊叹。

可能我们现在应该考虑一下，数列中怎样的分数满足 $m^2-2n^2=-1$，又怎样的分数满足 $m^2-2n^2=1$？

这是很容易解决的。在上面的数列中从种子 $\frac{1}{1}$ 开始，每一个序号为奇数的分数都满足 $m^2-2n^2=-1$，这是因为种子分数是如此，而数列中从一个分数到下一个分数时，这个量的符号交替出现。

当然，这就意味着主数列中下面的项

$$\frac{1}{1},\ \frac{7}{5},\ \frac{41}{29},\ \frac{239}{169},\ \cdots$$

使 $m^2-2n^2=-1$。

是的。因为这些项取之于原始数列，或者就像你刚才所说的主数列，它们自己又生成一个数列，通常称这个新的数列为主数列的一个*子列*。

明白了。另一方面，所有余下的项又作成另一个子列

$$\frac{3}{2},\ \frac{17}{12},\ \frac{99}{70},\ \frac{577}{408},\ \cdots$$

它们满足 $m^2-2n^2=1$。

于是我们可以说，-1 是第一个子列中每个分数的*符号差*，而 1 是第二个子列中每一项的符号差。

关于这种差别，还有什么需要指出的吗？

有。考虑原始数列中的一个分数 $\frac{m}{n}$；如果 m^2-2n^2 等于 -1，我们就知道它属于第一个子列。如果它的符号差是 1，就属于第二个子列。这是一个有用的概念，例如，它允许用一个计算机程序测试数列中的分数属于哪一个子列。

非常有用。现在我明白了。能不能给我一个分数，让我来测

试它？

给你这样一个分数，是主数列中的$\frac{8119}{5741}$。

好，让我看看它的符号差是什么。计算

$$\begin{aligned}(8119)^2-2(5741)^2&=65\,918\,161-2(32\,959\,081)\\&=65\,918\,161-65\,918\,162\end{aligned}$$

$$\Rightarrow(8119)^2-2(5741)^2=-1$$

因为符号差是-1，所以这个分数在第一个子列中。

正确。关于这两个子列，你还能发现什么有意义的信息吗？

如果我没有记错，我们实际上已经说明了第一个子列的前三项给出$\sqrt{2}$的越来越好的近似值，它们都比$\sqrt{2}$小，而我又说明了这个子列的第四项是$\sqrt{2}$更好的不足近似值。这样我们就有

$$1<\frac{7}{5}<\frac{41}{29}<\frac{239}{169}<\sqrt{2}$$

我们猜想一般情形可能是怎样的？

子列

$$\frac{1}{1},\ \frac{7}{5},\ \frac{41}{29},\ \frac{239}{169},\ \cdots$$

的项依次给出$\sqrt{2}$越来越好的不足近似值。

看起来很有道理。你能证明它吗？

我尽量努力。首先，这个子列中的每一个分数$\frac{m}{n}$都满足

$$m^2=2n^2-1$$

然后我仿效你前面用过的聪明的技巧。

什么技巧？

用n^2除这个等式的两边，得到

$$\left(\frac{m}{n}\right)^2=2-\frac{1}{n^2}$$

看来你学得不错。这个方法说明了左边$\frac{m}{n}$的平方……哦，我不打

断你。

我们直接就可以断定，这个子列中的每一个分数都是$\sqrt{2}$的不足近似值。

是的，因为平方以后，每个数都比 2 小，而差是正数 n^2 的倒数。

倒数是什么？

一个数的倒数就是 1 被这个数除。我又打断了你，我想说，我同意你刚才所说的。

现在这个子列中分数的分母迅速增大，你从前四项就能作出这个判断。

我必须问一句，你怎么知道这是一般规律呢？

因为在原始数列中，典型分数的分母等于前一个分数的正的分母与正的分子的和。所以当我们沿着数列往下读，分母就一个比一个大。

这样它们就无限制地增长。经常用"趋向于无穷"来反映这种增长方式。

我赞成！

很抱歉，我必须打断一下你的思路，我要解释一个问题，很早就想说，现在该说了。

哦！

注意规则

$$\frac{m}{n} \to \frac{m+2n}{m+n}$$

认为原始数列中分数的分子与分母增大是很自然的；但遗憾的是，这里有一个隐含的假定。

"隐含的假定"听上去很严肃。

我们怎么知道分数$\frac{m+2n}{m+n}$不会导出一个分数，它的分母比前一个分数的分母小呢？例如，假定我们把按规则施行的一步

$$\frac{7}{5} \to \frac{17}{12}$$

改变为不遵循规则的

$$\frac{7}{5} \to \frac{15}{12}$$

那么,因为$\frac{15}{12}=\frac{5}{4}$,结果后一个分数的分母比前一个分数的分母小。

我注意到这个困难。事实上,我记得,具有冗长的分子与分母的分数$\frac{428571}{999999}$能约简为分子和分母都只有一个数字的分数$\frac{3}{7}$,我曾对此感到惊讶。但如果我们在每一步都不允许约分,我们不就能保证分母增大了吗?

是的,但这时另一个环节可能出错。例如

$$\frac{14}{10}=\frac{7}{5}$$

对于分数$\frac{7}{5}$,分子平方减去分母平方的两倍是 $49-50=-1$,而分数$\frac{14}{10}$分子平方减去分母平方的两倍是 $196-200=-4$。

又是一道坎。很恼人,也很有趣。但我猜想,我们运用规则生成的新分数总是最简分数。

的确是这样。稍后我们将证明为什么由规则所生成的分数总是最简的。

这样我们得到另一个性质,它通过规则从一个分数传递到下一个分数?

是的,当像$\frac{1}{1}$这样的分数是种子。如果我们承认这一点,那么你的论据就是合理的,我同意你继续利用它。

看来无论多么小心地对待数学推理都不为过。不管怎样,回到我说过的:当分母增大时,$\frac{1}{n^2}$的值减小,这就说明这个子列中分数的平方小于 2 并且越来越接近于 2。

这正好证明了这些分数给出了$\sqrt{2}$的越来越好的不足近似值。很好!

谢谢。照我看，这个子列中的分数最终非常接近于$\sqrt{2}$。

当 n^2 的倒数非常小的时候，子列中的分数就非常接近$\sqrt{2}$。数学中常用"任意接近"来描写这种情形。这种说法以及"最终"等措词都是很难精确化的。

不过我们领会了大致的意思。

所以我们可以写

$$\frac{1}{1}<\frac{7}{5}<\frac{41}{29}<\frac{239}{169}<\cdots<\cdots\sqrt{2}$$

那么原始数列的另一个子列

$$\frac{3}{2},\ \frac{17}{12},\ \frac{99}{70},\ \frac{577}{408},\ \cdots$$

情况又如何呢?

在这种情形，每个分数$\frac{m}{n}$都使得

$$m^2=2n^2+1$$

这样，我们就可以运用你先前的推理方法说明，这个子列的分数依次给出$\sqrt{2}$的过剩近似值，而且一个比一个小。

是的，因为等号右边是 +1，代替了先前的 −1。

这样，

$$\sqrt{2}\cdots<\cdots<\frac{577}{408}<\frac{99}{70}<\frac{17}{12}<\frac{3}{2}$$

把这个不等式与另一个子列相应的不等式结合起来，就有

$$\frac{1}{1}<\frac{7}{5}<\frac{41}{29}<\frac{239}{169}<\cdots<\cdots\sqrt{2}\cdots<\cdots<\frac{577}{408}<\frac{99}{70}<\frac{17}{12}<\frac{3}{2}$$

这给人相当深刻的印象。

这样我们就说明了主数列

$$\frac{1}{1},\ \frac{3}{2},\ \frac{7}{5},\ \frac{17}{12},\ \frac{41}{29},\ \frac{99}{70},\ \frac{239}{169},\ \frac{577}{408},\ \cdots$$

的子列

$$\frac{1}{1},\ \frac{7}{5},\ \frac{41}{29},\ \frac{239}{169},\ \cdots$$

是$\sqrt{2}$的一个近似值数列，它一项比一项更接近$\sqrt{2}$，但始终比它小。

是的。因为它是$\sqrt{2}$的有理数近似值的数列，每一项是$\sqrt{2}$的不足近似值，我们不妨称它为下子列（**under-subsequence**）。

于是就可以称子列

$$\frac{3}{2}, \frac{17}{12}, \frac{99}{70}, \frac{577}{408}, \cdots$$

为$\sqrt{2}$的上子列（over-subsequence），因为它也是$\sqrt{2}$的一个近似值数列，并且每一项都比它大。

是的，从$\sqrt{2}$的上面越来越接近$\sqrt{2}$。

从上面？在数直线上是从右面接近$\sqrt{2}$呀？

这两种说法是相同的意思。现在，因为下子列的项依次越来越接近$\sqrt{2}$而不超过它，所以下子列就必定是递增的，也就是说，它的每一项都大于前一项。

完全正确，我们刚才证明的就是这一点。

虽然下子列是递增的子列，主数列或者称为母数列却不是如此，因为我们知道，它的项总是像跷跷板一样，交替着从$\sqrt{2}$的一侧转移到它的另一侧。

当然，这就是它的交替性质。

现在，我们想象在数直线上用非常细小的红点描绘下子列中的数，并且从左到右读它们，第一个红点是1，下一个是1.4，再下一个是1.4137…这样排下去。

你是想象下子列中的项作为红点依次出现在数直线上，如同我们顺着数列往下读。

这就给出一个无穷的红色点列，并始终处在表示$\sqrt{2}$的那个点的下面。

很难想象它们怎么能挤在1与$\sqrt{2}$之间，如果它们互相之间还有微小缝隙的话。

你观察得很好。这是因为随着子列的延伸，相邻两个红点的间隔不

断变小。

间隔成比例减小。

这样说不准确，不过这个问题我们可以另找时间讨论。我们说间隔迅速减小，但永远不会变为零。

它们不得不如此，不是吗？否则，这些分数怎么可能既互不相同，又都比$\sqrt{2}$小呢？

的确如此。

在“紧靠”$\sqrt{2}$的下方必定聚集着很多红点。

是的，而且越接近$\sqrt{2}$聚集得越多，仿佛有人在挤压它们。

我假设用数直线上同样细小的蓝色的点代表上子列中的数，从第一个点$\frac{3}{2}=1.5$开始，当这个递减子列中的分数依次出现时，我们就能看到蓝色的点从右向左移动。

是的。当这个子列的项从右面趋近$\sqrt{2}$时，蓝色的点就越聚越拢。

而且没有一个蓝色的点能越过$\sqrt{2}$，去到它的左边。

没有。它们从右边越来越接近$\sqrt{2}$，但不会越过$\sqrt{2}$，也不会与它重合。

有趣的现象。

你可以这样想，数直线上任何有限区间，无论它多大，也无论它距离$\sqrt{2}$多近，只要它不包含$\sqrt{2}$，它就只包含这个数列有限多个项，而任何包含$\sqrt{2}$作为一个内点的区间，无论多小，却一定包含这两个子列的无穷多项。

我想，我必须花费不少时间来思索这些话才能想通它，如果我办得到的话。为了理解这个问题，我让红点在左面而蓝点在右面。

那么红点与蓝点不会碰头，而无理数$\sqrt{2}$就是界限。数直线隐藏着许多奥秘。

看来的确如此。

你要注意，递增的下子列

$$\frac{1}{1},\ \frac{7}{5},\ \frac{41}{29},\ \frac{239}{169},\ \cdots$$

与递增的分母的数列

$$1, 5, 29, 169, \cdots$$

有很大的差异。

差异在哪里?

两者都是递增的,但下子列中的项不会超过或等于$\sqrt{2}$,而在分母的数列中,总能找到比任何事先给定的正数更大的项。

是不同的递增类型吗?

是的,它提醒我们,“越来越大”这种说法并不一定意味着无限制地增大。

这就是你赞成用日常语言思考的原因吗?

是的。我们关于下子列的讨论告诉我们,变得越来越大并不能说明一切。然而,如果一个数列的项趋于无穷,这个数列就必须包含无穷多个项,数列的项能大于任何有限数,而无论这个有限数有多大。

这些话又是我必须花时间思索的。但是你答应过这堂课不会很困难。

我说过吗?顺便说一句,我们还有一件小事要做。

什么事?

我们必须解释,为什么当种子是$\frac{1}{1}$的时候,按规则生成的分数不需要约分。

我已经忘了。

3.4 无须约分

当我们把规则

$$\frac{m}{n} \to \frac{m+2n}{m+n}$$

应用于种子分数$\frac{1}{1}$,并依次应用到每个新生成的分数上时,我们就得到数列

$$\frac{1}{1}, \frac{3}{2}, \frac{7}{5}, \frac{17}{12}, \frac{41}{29}, \frac{99}{70}, \frac{239}{169}, \frac{577}{408}, \cdots$$

这是我们已经熟知的。

按这样的方法所生成的每个分数都具有既约形式。

就是说分子与分母没有可约的公因数吗?

永远无须约分,这样的分数生来就具有最简形式。

你怎么能断定这一点呢?

这正是我要告诉你的。这个结论之所以对每个分数都真,是因为它们从种子$\frac{1}{1}$继承了这个性质。

你是指它本身具有最简形式吗?

是的,$\frac{1}{1}$的分子与分母没有平凡因数1以外的公因数。

那么,如果种子不同,按规则生成的分数的分子与分母就可能有公因数了吗?

可能有1以外的公因数,也就是所谓非平凡公因数。

你有什么例子吗?

让我们尝试把规则运用于种子$\frac{4}{2}$,请你注意,这不是一个既约分数。

它的分子和分母具有非平凡公因数2。

对。我有意不把它化为最简形式。对它运用规则,就得到下一个分数

$$\frac{4+2(2)}{4+2}=\frac{8}{6}$$

我注意到，现在分子与分母具有非平凡公因数 2，与种子分数$\frac{4}{2}$一样。

是的——有而且仅有一个非平凡公因数。再运用规则于这个未经约简的分数，生成数列中下一个分数。

我们得到

$$\frac{8+2(6)}{8+6}=\frac{20}{14}$$

在这种情形，分子与分母的最大公约数是什么？

和前面一样，还是 2。

这样生成数列的前几项是

$$\frac{4}{2},\ \frac{8}{6},\ \frac{20}{14},\ \frac{48}{34},\ \frac{116}{82},\ \frac{280}{198},\ \frac{676}{478},\ \cdots$$

你可以验证，对每一个分数，2 都是分子和分母的最大公因数。

我已经看出，的确是这样。

如果先将种子$\frac{4}{2}$约为最简形式$\frac{2}{1}$，再依次运用规则于种子和每一个生成的分数，我们就得到

$$\frac{2}{1},\ \frac{4}{3},\ \frac{10}{7},\ \frac{24}{17},\ \frac{58}{41},\ \frac{140}{99},\ \frac{388}{239},\ \cdots$$

作为最初生成的几项，它们都不需要约分。

正如你刚才所说，它们生来就具有最简形式。

你说得对。如果我们从种子$\frac{30}{18}$开始生成分数，我们就得到

$$\frac{30}{18},\ \frac{66}{48},\ \frac{162}{114},\ \frac{390}{276},\ \frac{942}{666},\ \frac{2274}{1608},\ \frac{5490}{3882},\ \cdots$$

关于这个数列，你能说些什么？

种子$\frac{30}{18}$分子与分母的最大公因数是 6，所以我想，对其他分数，

情形可能也一样。

这就意味着每个分子都应该能被 6 整除，分母也同样如此。

是的。从每个分数的分子与分母中约去 6，得到

$$\frac{5}{3},\frac{11}{8},\frac{27}{19},\frac{65}{46},\frac{157}{111},\frac{379}{268},\frac{915}{647},\cdots$$

我看这些分数都已经是最简形式了。

是的。现在你是否已从这些例子中获得足够多的信息，能不能对种子与由它按规则所生成的数列在这方面的联系作一个猜测呢？

我也这样想。照我看，每个生成的分数分子与分母的最大公因数，肯定与种子分子与分母的最大公因数正好相同。

如果你的猜想正确的话，就解释了为什么我们以 $\frac{1}{1}$ 为种子的原始数列中，所有分数都生来就具有最简形式。

是的，因为种子 $\frac{1}{1}$ 的分子 1 和分母 1 只有公因数 1。但你打算怎样证明这个猜想呢？

回到规则

$$\frac{m}{n}\rightarrow\frac{m+2n}{m+n}$$

并且说明分数 $\frac{m}{n}$ 中 m 和 n 的最大公因数或者最大公约数恰好等于分数 $\frac{m+2n}{m+n}$ 中 $m+2n$ 和 $m+n$ 的最大公因数。

我明白，如果你证明了这一点，那么就解释了全部问题。但你打算如何证明呢？

需要一点思考，并且需要一点关于整数整除性的经验。

整除性？听上去很深奥。

想法其实很简单。是说 m 和 n 的公因数与 $m+2n$ 和 $m+n$ 的公因数相同。

我也许能用数说明这一点，但用字母肯定不行。

好，为了得到一般的思想，让我们先用数来试一试。刚才我们看到

$$\frac{m}{n}=\frac{30}{18}\Rightarrow\frac{m+2n}{m+n}=\frac{30+2(18)}{30+18}=\frac{66}{48}$$

由于 2 能整除 $m=30$ 和 $n=18$，所以 2 肯定能整除 $m+n=30+18$。

你是说这里不必把它们相加，再去验证 2 恰好能整除所得到的和？

的确如此。因为 2 分别整除 30 与 18 这两个数，所以整除它们的和。有问题吗？

看来是正确的。

由于 2 能整除 $m=30$ 和 $n=18$，所以 2 肯定也能整除 $m+2n=30+2(18)$。

因为 2 分别整除 30 与 2(18) 这两个数，所以必定整除它们的和 $30+2(18)$。

是的。于是 2 是 $m=30$ 和 $n=18$ 的公因数就保证它也是 $m+2n$ 和 $m+n$ 的公因数。

我欣然同意。

根据同样的道理，对 $m=30$ 和 $n=18$ 的另一个公因数 3 结论也成立，你不同意吗？

当我领会了你所说的话，我同意。

现在我们已经证明了 m 和 n 的任何一个公因数都是 $m+2n$ 和 $m+n$ 的公因数。

我承认这一点，现在如何呢？

接下去的工作要稍微难一点。我们要说明 $m+2n=66$ 和 $m+n=48$ 的任何一个公因数也是 $m=30$ 和 $n=18$ 的公因数。

你不必证明这一点，通过计算就可以检验。

不。我要做的事会给你一些额外的启发，而且在这里有用。首先

$$m=2(m+n)-(m+2n)$$

这是容易验算的。

你是指一般的情形，还是仅仅就 $m+n=48$ 和 $m+2n=66$ 这个特例?

我是指一般情形。对这些数当然也正确——请看

$$30=2(48)-66=96-66$$

我明白了,接下去呢?

于是我们可以说,48 与 66 的公因数 2 整除 30,这是因为 2 整除 2(48) 与 66,也就必定整除它们的差 2(48) −66,也就是 30。

为说明 2 整除 30,这真是一种古怪的方法。

对特殊的数 30 是有点古怪,但对于包含 $m+2n$ 和 $m+n$ 的一般结论这却是必须的。

因为你的工作不是针对特殊的数。

对。由于完全相同的原因,$m+2n=66$ 和 $m+n=48$ 的公因数 3 也是 $m=30$ 的一个因数。至此,我们就证明了 $m+2n=66$ 和 $m+n=48$ 的公因数 2 与 3 都是 $m=30$ 的因数。

完全正确。

下面我们证明 $m+2n=66$ 和 $m+n=48$ 的公因数 2 与 3 也都是 $n=18$ 的因数。

正如我已经说过的,你做这个工作不仅仅是简单地说明它们都能整除 $n=18$。

对的。我将利用一个事实来证明,而这个事实就是 $m+2n=66$ 和 $m+n=48$ 都能被 2 与 3 整除。你能看出该怎么办吗?

我想我不行,还是看你做吧。

好,下面这个一般表达式是容易检查的

$$n=(m+2n)-(m+n)$$

特殊地,$18=n=(m+2n)-(m+n)=66-48$。

两种情形我都能理解。

现在,因为 2 和 3 都能整除 66 和 48,2 和 3 就能整除它们的差 18。于是在这种情形,$m+2n$ 和 $m+n$ 的任何公因数也是 n 的一个因数。

差的情形与和一样。

从整除性来看是一样的。这就证明了 $m+2n=66$ 和 $m+n=48$ 的公

因数也是 $m=30$ 和 $n=18$ 的公因数。

接下去如何？

结合前面我们已经证明了的 m 和 n 的公因数都是 $m+2n$ 和 $m+n$ 的公因数，这就说明，对这些特殊的数，m 和 n 的公因数与 $m+2n$ 和 $m+n$ 的公因数完全相同。

这就是全部含义了吗？

因此它们就具有相同的最大公因数。

需要仔细咀嚼。一般的情形更复杂吗？

不。实际上与我们刚才给出的过程一样。一方面证明 m 和 n 的任何一个公因数必定也是 $m+2n$ 和 $m+n$ 的一个公因数。这几乎是显然的。

因为两个和式都包含 m 和 n 吗？

是的，另一方面，可以利用等式

$$m=2(m+n)-(m+2n)$$

$$n=(m+2n)-(m+n)$$

表明 $m+2n$ 和 $m+n$ 的任何公因数必定既是 m 的一个因数，也是 n 的一个因数。

因此是 m 和 n 的一个公因数。

这就意味着，数对 m 和 n 与数对 $m+2n$ 和 $m+n$ 有完全相同的公因数。

所以它们的最大公因数也必然相同。

于是我们又有了一个结论，即规则

$$\frac{m}{n} \to \frac{m+2n}{m+n}$$

把种子的另一个性质代代相传。

3.5 跨两级的规则

我能问你一个与上、下子列有关的问题吗?

当然可以。是什么问题?

这两个子列分别按什么规则生成?

你是指如何从子列的典型分数到它后面一项的规则吗?

是的。

实际上,同一个规则适用于二者。

同一个规则既适用于递增的子列,也适用于递减的子列?

是的,规则完全相同。

要知道,下子列中的项,也就是红色的分数,它们都位于$\sqrt{2}$的左边,而上子列中的项,也就是蓝色分数,它们都在$\sqrt{2}$的右边。

是的。

这很费解!

这并不值得惊讶,你只要回忆这两个子列都是主数列

$$\frac{1}{1},\ \frac{3}{2},\ \frac{7}{5},\ \frac{17}{12},\ \frac{41}{29},\ \frac{99}{70},\ \frac{239}{169},\ \frac{577}{408},\ \cdots$$

的子列,分别包含着主数列中交替出现的项。

那么是什么造成这两个子列如此不同的特征?

这里不同的只有初值,或者说种子。

就是说,两个子列的种子不同,但遵循同样的生成规则。是这样吗?

概括地说就是这样。我建议我们先寻求生成下子列的规则。

但你说对上子列同样的规则也成立。

我是说过,而且仍然这样说,但此刻你肯定不明白这是怎么回事。所以我们先不作任何假定。

好吧。

下子列中的项是如何从母数列中获得的?

挑出母数列的第一项、第三项、第五项,并依此类推。

所以,如果我们能够发现一条规则,它表明如何从母数列的典型项跳到它之后的第二项,那么我们就掌握了如何由第一项开始从母数列中挑选下子列项的规则。

我想,我已经懂得为什么同样的方法适用于从母数列中挑选上子列的项。

为什么?

从第二个分数开始,用同样方法就能选出所有偶数序号的项。新规则就像在梯子上一次跨两级,而与从梯子的哪一级起步无关。

可以这样理解,而且称之为"跨两级"规则。

我认为我们要利用原始规则,它告诉我们如何在原始数列的梯子上每次跨上一级。

这是肯定的。你应该记得,"跨一级"的规则

$$\frac{m}{n} \to \frac{m+2n}{m+n}$$

告诉我们$\frac{m}{n}$后面一个分数如何用 m 和 n 表示。现在你问一问自己,再后面一个分数是什么?

这是一个新问题——必须考虑第三项。

是的,但这种情形已经包含了三项,现在无非要跳过一个中间项而得到后面的项。

我能发现其中的联系。

关于当前项的知识足以寻找下一个分数,所以我们只要关注主数列的两项。

对,所以我要计算$\frac{m+2n}{m+n}$后面一个分数,同样用 m 和 n 表示。

你试试看。

那么分数$\frac{m+2n}{m+n}$就是我们生成下一个分数的出发点吗?

正是。你得到什么?

新的分母是当前分数分子与分母的和,所以是

$$(m+2n)+(m+n)=2m+3n$$

不是吗?

是的。

新分子是当前分子加上当前分母的两倍,所以是

$$(m+2n)+2(m+n)=3m+4n$$

不错。现在你有了新分数的分子与分母。

如果以上计算都正确,这就说明下一个分数是

$$\frac{3m+4n}{2m+3n}$$

完全正确。

现在怎么办?

怎么办?你已经获得子列中从一个分数到达下一个分数的规则。

我获得了吗?

当然。回顾一下你刚才做了些什么。

我必须整理一下思路。如果$\frac{m}{n}$是主数列中的典型分数,那么

$$\frac{m+2n}{m+n}\text{和}\frac{3m+4n}{2m+3n}$$

依次是它后面的两个分数。

是的。于是在两个子列中生成下一项的规则是什么?

因为在两个子列中要得到下一项,我们就必须在主数列中跳过一项。所以子列中生成下一项的规则是

$$\frac{m}{n}\to\frac{3m+4n}{2m+3n}$$

是吗?

千真万确,这就是同时适用于两个子列的规则。你为什么不在下子列

$$\mathbf{\frac{1}{1},\ \frac{7}{5},\ \frac{41}{29},\ \frac{239}{169},\ \cdots}$$

中,对种子$\frac{1}{1}$检查一下规则?

我这就来检查。令 $m=1, n=1$，规则给出

$$\frac{1}{1} \to \frac{3+4}{2+3} = \frac{7}{5}$$

这就是下子列的第二项。规则成立！

现在看一看，当分数$\frac{7}{5}$作为$\frac{m}{n}$的时候，新发现的规则是否给出子列的第三项。

令 $m=7, n=5$，给出

$$\frac{7}{5} \to \frac{3(7)+4(5)}{2(7)+3(5)} = \frac{41}{29}$$

这就是下子列中的第三项。印象很深刻。

现在你可以检查，把规则

$$\frac{m}{n} \to \frac{3m+4n}{2m+3n}$$

应用于种子$\frac{3}{2}$，看是否给出上子列

$$\frac{3}{2}, \frac{17}{12}, \frac{99}{70}, \frac{577}{408}, \cdots$$

的第二项。

我当然要检查。令 $m=3, n=2$，给出

$$\frac{3}{2} \to \frac{3(3)+4(2)}{2(3)+3(2)} = \frac{17}{12}$$

意料之中，不过看到它出现还是令人高兴。

重复这个工作，看能不能得到下一项。

我不怀疑这一点。令 $m=17, n=12$，给出

$$\frac{17}{12} \to \frac{3(17)+4(12)}{2(17)+3(12)} = \frac{99}{70}$$

这是上子列的第三项。

现在我们有了生成上子列和下子列的一般规则，我想问你一个问题，你必须不经过任何计算而回答我。

尽管我不大习惯于这样回答问题，但我不愿被说成是害怕挑战。

如果我们对分数

$$\frac{\mathbf{3m+4n}}{\mathbf{2m+3n}}$$

计算

$$(\text{上面})^2-2(\text{下面})^2$$

我们将得到什么结果?

你是要我不经过计算就回答

$$(3m+4n)^2-2(2m+3n)^2$$

等于什么?

是的。

应该有一个快速的技巧或者观察能回答这个问题。如果我能够给出正确的答案,我希望你计算上面的式子。

作为对你的回报,这样分工很公平;但你必须给我一个正确的答案。

我知道。$(\text{上面})^2-2(\text{下面})^2$ 就是分子平方减去分母平方的两倍,哈,有了!在主数列中,我们已经证明了这个量等于 -1 或 1。你在想什么?

我正静等你大声说出你了不起的想法。

脑子有点混乱。让我想一想,现在在哪里?在下子列里每一项的这个量是 -1,在上子列里每一项的这个量是 1。

那么我们在哪里呢?

我希望思路能清楚一点。在主数列中,对于典型分数 $\frac{m}{n}$,$(\text{上面})^2-2(\text{下面})^2$ 用代数语言表达就是 m^2-2n^2。现在对主数列中所有序号为奇数的项,$m^2-2n^2=-1$,对所有序号为偶数的项,$m^2-2n^2=1$。所有这些告诉我,如果我计算出了 $(3m+4n)^2-2(2m+3n)^2$,我就得到了结果,对吗?

看来我应该去散散步,让你一个人在这里思索。

你不必走,我已经找到答案了。

那么我就等着听你的答案?

是不是 m^2-2n^2？

不错，但为什么呢？

好，我此前的想法你都知道了。

都知道了，而且很满意。

谢谢。如果我在两个子列中求出 $(3m+4n)^2-2(2m+3n)^2$，我必定得到与前一个分数同样的结果，这是因为对这两个子列而言，(上面)^2 -2(下面)^2 是不变的。

于是怎样呢？

而对前一个分数$\frac{m}{n}$，(上面)^2 -2(下面)^2 等于m^2-2n^2。

非常好！

现在轮到你用代数方法来证明了。

当然。$(3m+4n)^2=9m^2+24mn+16n^2$。同意吗？

我要想一想中间的第二项。它是 $3m\times4n=12mn$ 的两倍吗？

是的。而 $(2m+3n)^2=4m^2+12mn+9n^2$，推得

$$2(2m+3n)^2=8m^2+24mn+18n^2$$

我能看懂。

于是

$$\begin{aligned}&(3m+4n)^2-2(2m+3n)^2\\&=(9m^2+24mn+16n^2)-(8m^2+24mn+18n^2)\\&=m^2-2n^2\end{aligned}$$

这就说明动一动脑子可以省去许多繁复的工作。

如果结论有问题，检查一下还是很好的。

完全正确，要检查实在是太容易了。

因此，在上子列和下子列中从一项到另一项时，分数的上面和下面都变化了，但

$$(上面)^2-2(下面)^2$$

这个量始终保持不变。

在变化过程中保持不变，这个量就是所谓不变量**的一例子。**

是指始终不变的量吗?

是的,当数列的项变化的时候,它始终保持不变。

所以,对下子列来说,这个不变量是 -1,而对上子列它是 1。

就像我们不久前说的,不变量 -1 是下子列的符号差,而不变量 1 是上子列的符号差。

在主数列中,m^2-2n^2 不是不变量,因为当我们沿着数列从一项到下一项时,这个量不是常数,而是 -1 和 1 交替出现。

你说得完全正确。

3.6 佩尔(Pell)数列

我们最近对数列

$$\frac{1}{1}, \frac{3}{2}, \frac{7}{5}, \frac{17}{12}, \frac{41}{29}, \frac{99}{70}, \frac{239}{169}, \frac{577}{408}, \cdots$$

的上、下子列跨两级规则的讨论，帮助我解决了你不久前给我的一个难题。

是吗？那很好。请仔细告诉我你的想法。

你还记得指挥士兵队列操练的问题吗？

当然记得。我们曾假定你是一个偏爱正方形的固执的家伙。

只愿意训练一队有理想人数——完全平方数的士兵。

当你训练士兵排成一个完美的正方形时，接到上级通知说士兵人数要翻倍。无意中使你无法把更多的士兵排成一个正方形。

是的，最多指望排成一个准正方形。原来的士兵数翻倍就会比一个完全平方数多一或者少一。

如果我没记错，你发现当原来队伍的人数是主数列中分数的分母所生成的数列

$$\mathbf{1, 2, 5, 12, 29, 70, 169, 408, \cdots}$$

中任何一个数的平方时，扩大了的队伍人数就与一个完全平方数相差1。

事实上，主数列中分数的分子所生成的数列

$$1, 3, 7, 17, 41, 99, 239, 577, \cdots$$

中数的平方加上或减去1，就给出相应的翻倍后队伍的人数。

当然，现在我们知道只有这些数具有这样的性质。总之，这是一个很好的发现！

你给我的难题与分母的数列

$$1, 2, 5, 12, 29, 70, 169, 408, \cdots$$

有关，你说这个数列就是所谓佩尔数列。

我记得。你的任务是寻找一条规则，它允许我们不断地从这个数列的前一项计算出后一项，而不涉及其他任何数列，譬如主数列。这是一次

很有趣的探索，这一次是联系于整数，而不是分数。

是的，最初我以为这比我们以前做的事情要容易些，因为我想，处理整数总比处理分数简单。

考虑分数时既要考虑分子，又要考虑分母。好，现在你怎么做？

我认为任务只包含整数因而可能比较简单，但是我错了。

所以它本身是一堂课。

最终，我得到生成佩尔数列和分子数列

$$1, 3, 7, 17, 41, 99, 239, 577, \cdots$$

的规则。希望你检查我的解释能不能成立。

我洗耳恭听！

从佩尔数列开始

$$1, 2, 5, 12, 29, 70, 169, 408, \cdots$$

在许多次错误之后，我注意到，有

$$70 = 2 \times 29 + 12$$

$$29 = 2 \times 12 + 5$$

$$12 = 2 \times 5 + 2$$

$$5 = 2 \times 2 + 1$$

这启发我，下一项等于当前项的两倍加上再前一项。

你观察得很好：不经过大量探索无法作出这样的发现。

你说得对，它耗费了我大量时间，起初我只是寻找一项与它前一项这两项之间的联系。

后来呢？

在经过许多失败且令人沮丧的尝试之后，我感觉我走在一条错误的路上。我找不到任何线索，直到我开始注意一项和它前面两项的联系。

这样你就放弃了原先的立场，采取了大胆的新行动。

我不知道这些。让我们接着说，我先回顾了一些我采用过的方法，因为我们最近的调查就包含研究数列三项的情形。

你有了一个想法，但还在天上飞，请接着讲。

但我刚才提到的规则不适用于头两项。

那怎么办呢?

我一度为此烦恼。后来我明白这无须考虑,因为在这两种情形,前面不存在两项。

这其实很简单。

至于我那在天上飞的想法,是因为有了前面关于上、下子列的经验,我突然想到同样的规则对分子数列是否也成立。

很有胆量。如果你没有留意听我所说的话,你不可能体会到两种情形相似。

这是之后,当我问自己能不能解释自己所做工作的时候想到的。

毕竟,分子和分母数列是由主数列的*每一项*给出的,上、下子列则是在主数列中隔项而取的。所以,一个规则对上、下子列同时成立这个事实,并不说明分子和分母数列的问题也必定能用单独的一个规则来处理。

反正当时我对分子数列试验了“佩尔规则”——我这样称呼它——而没有对我所做的事考虑太多。

那么佩尔规则是否也*适用*于分子数列

1, 3, 7, 17, 41, 99, 239, 577, …?

似乎是梦想!当然,我知道,在你检查我的推理过程之前,我至多只敢说“我这样想”,下面是分子数列的第一、二项后面的五项所提供的证据。

$$239 = 2 \times 99 + 41$$

$$99 = 2 \times 41 + 17$$

$$41 = 2 \times 17 + 7$$

$$17 = 2 \times 7 + 3$$

$$7 = 2 \times 3 + 1$$

这些就足以使我相信,对这个数列,佩尔规则同样一般地成立。

此刻你*好像*触及了问题的核心。

因为你已经给我指出如何用代数方法说明问题,我想解释为什么除了前两项之外,这个规则对生成这两个数列的项一般地成立。

你很有信心,令人赞赏。

我尝试用代数方法在一般意义下说明理由,问题是我不知道从哪里开始。

你不要孤立地看待问题。因为对某些观察所作的解释可能与表面现象相距很远,所以即便经验丰富的人也会感觉比较困难。

十分幸运,我终于发现了该如何入手。

我从来对你很有信心。

我暗想:"容易观察的结果,也一定容易找到解释。"

可能的确如此!数学中交织着儿童也能作出的观察,而要证明它们,还必须等待。

你是当真的?

我完全是认真的。有一位大数学家告诉我们,他经常根据经验发现结果,而为证明结果得花费几个月时间。他还说,如果他愿意,他可以写下不计其数的猜想,而这些猜想可能既不能证明,也无法否定。

这很有趣,但此刻我不要求你给我例子,因为我不想从我正在做的工作分心。

你是指检查你关于佩尔规则的解释吗?

是的。我对自己说,我们必须利用已有的知识。也许原因就在于分子数列和佩尔数列都产生于主数列

$$\frac{1}{1}, \frac{3}{2}, \frac{7}{5}, \frac{17}{12}, \frac{41}{29}, \frac{99}{70}, \cdots$$

所以我大致地汇集关于这个数列的知识,看能不能获得什么线索。

很可靠的策略。

首先,从种子$\frac{1}{1}$开始产生原始数列的项的跨一级规则是

$$\frac{m}{n} \to \frac{m+2n}{m+n}$$

如同我们以前多次说过的,这里$\frac{m}{n}$代表数列的典型项。

正确。继续说吧。

分数

$$\frac{m+2n}{m+n}$$

是$\frac{m}{n}$之后一个分数的典型。于是我问我自己,还有什么关于这个数列的知识可以用上。

你想起什么?

我想起 m^2-2n^2 总是取 -1 或者 1,但我看不出如何把这用到我正在做的工作中。

然后又如何呢?

我又想起我们最近的跨两级规则

$$\frac{m}{n}\to\frac{3m+4n}{2m+3n}$$

它给出原始数列中紧接着分数$\frac{m+2n}{m+n}$之后的一个分数。

也就是这个数列中分数$\frac{m}{n}$之后的第二个分数。这在你的调查中有什么意义呢?

当我想起这个规则,就知道我走上了正确的道路,因为它把数列的三个项

$$\frac{m}{n},\ \frac{m+2n}{m+n},\ \frac{3m+4n}{2m+3n}$$

联系在一起。

这很重要吗?

这正是我所需要的。我设想的规则把一项联系于它的前两项。我知道,我已经到达关键时刻,就看能不能直接找到我需要的解释。

你如何引领你的船只进港呢?

我注意分母。我想说明每个分母是把前一个分母的两倍加上再前一个分母而得到的。

除了最初的两项,不是吗?

是的。我选取相继的三个分数

$$\frac{m}{n},\ \frac{m+2n}{m+n},\ \frac{3m+4n}{2m+3n}$$

由此推断分母的关系。

让我来协助你。三个分母按递增顺序排列是

$$\boldsymbol{n,\ m+n,\ 2m+3n}$$

现在我的佩尔规则说，第三项或者说最后一项 $2m+3n$ 等于前一项 $m+n$ 的两倍加上再前一项 n。

是这样吗？

简单的计算

$$2(m+n)+n=2m+2n+n=2m+3n$$

表明的确是如此。

非常出色！推理过程无懈可击。你关于佩尔规则一般地成立的解释是完全合理的。

我也这样想，但只有经过你检查认可，我才能相信自己的工作。

分子的数列又如何呢？

同样的规则成立，因为

$$2(m+2n)+m=2m+4n+m=3m+4n$$

说明第三个分子等于第二个分子的两倍加上第一个分子。

两个数列有完全相同的结构，这真有趣。可以说分子数列是佩尔数列的一个表兄弟。

佩尔数列和它的表兄弟都需要一对种子。

它们由不同的种子对、完全相同的生长机制而生成。它们显著的区别产生于它们不同的“初值”，也就是种子，它们的区别只是表面的。

不同的种子，同样地繁衍。

好，我想，我们可以有把握地说，你通过对可以利用的数字证据的检查，发现了佩尔数列的特点，很快就揭示了佩尔规则的本质。此后又把你的猜想翻译为符号语言，说明规则为什么一般地成立。

当我感觉我走对了路，我就仿佛能解释每件事。

祝贺你,对于一个疏于代数的人,这是一个了不起的成绩。

谢谢;没有比这更好的评价了。

无论如何,你自己获得了结论。耗费了许多时间来思考,你达到了新的水平,你自始至终都是能够达到这个水平的。你很好地完成了工作。

我不得不承认,能用代数方法在一般意义下证明一件事是令人兴奋的,特别是在检查少量数字证据后,就能断定这就是实际情形。

这就是代数的功能——把猜想转变为理性的认识。

第4章　戏法

我想给你看一些数学技巧，你可能会感觉像变戏法一样。首先让我们回到等式

$$\sqrt{2}\times\sqrt{2}=2$$

它告诉我们……

……简单地说，它告诉我们$\sqrt{2}$是什么。

请看我怎样利用这个关系来计算$\sqrt{2}-1$乘以$\sqrt{2}+1$：

$$\begin{array}{r}
\sqrt{2}-1\\
\sqrt{2}+1\\
\hline
2-\sqrt{2}\quad\\
+\sqrt{2}-1\\
\hline
2+0\ -1
\end{array}$$

你能告诉我在这个乘法中，上面的关系用在哪里吗？

用在第一步，你在第一条直线下面写了2，这是$\sqrt{2}$乘以$\sqrt{2}$的结果。

正确。我们也可以换一种写法进行上面的计算：

$$\begin{aligned}(\sqrt{2}-1)(\sqrt{2}+1)&=[\sqrt{2}\times(\sqrt{2}+1)]-[1\times(\sqrt{2}+1)]\\&=[(\sqrt{2}\times\sqrt{2})+(\sqrt{2}\times1)]-[(1\times\sqrt{2})+(1\times1)]\end{aligned}$$

$$= (2+\sqrt{2}) - (\sqrt{2}+1)$$
$$= 1$$

两种方法,我们得到同样的结果。

的确如此。

这两个计算都告诉我们

$$(\sqrt{2}-1)(\sqrt{2}+1)=1$$

现在请看我利用这个关系来表演戏法。

请快点吧。

用$\sqrt{2}+1$除等式两边,得到

$$\sqrt{2}-1=\frac{1}{\sqrt{2}+1}$$

也就是

$$\sqrt{2}=1+\frac{1}{1+\sqrt{2}}$$

戏法就从这里开始。

一个很古怪的等式,请你别介意我这样说。

实际上,因为等号两边的数相等,我们称它为一个恒等式,当然它与我们通常说的恒等式有点不同,它是用一个包含$\sqrt{2}$的式子表示$\sqrt{2}$。

因为等式两边都含有$\sqrt{2}$吗?

是的。现在需要发挥一点想象力、运用一些数学技巧来处理这个恒等式——我所承诺过的戏法。

好。

我打算用1代替恒等式右边的$\sqrt{2}$。

只在右边,左边不变化吗?

只在右边,这意味着这个式子将不再是恒等式,甚至不再是等式。

那么它变成什么了?

它成为这样一个表达式,我希望它的右边是$\sqrt{2}$一个足够好的近似值。

我倒要仔细看看你要做什么。

无论怎么说,1 不是 $\sqrt{2}$ 好的近似值,我们不能停止于这个结果,还要接着往下看。

让我来算一算。当我们用 1 代替

$$\sqrt{2}=1+\frac{1}{1+\sqrt{2}}$$

右边的 $\sqrt{2}$,右边就给出分数

$$1+\frac{1}{1+1}=\frac{3}{2}$$

它看来有点面熟。

不错,它就是我们的数列

$$\frac{1}{1},\frac{3}{2},\frac{7}{5},\frac{17}{12},\frac{41}{29},\frac{99}{70},\cdots$$

中的第二个分数。

是的。

现在我们已经知道,作为 $\sqrt{2}$ 的近似值,这个分数比我们开始时采用的 1 好。

这样你就利用恒等式,得到 $\sqrt{2}$ 的一个比 1 好的近似值,是这样吗?

可以这样说。我们从这样一个近似值开始

$$\sqrt{2}\approx 1$$

把它改善为

$$\sqrt{2}\approx\frac{3}{2}$$

这给你什么启发吗?

能不能像刚才的 1 那样,把对 $\sqrt{2}$ 的新的估计值代替恒等式

$$\sqrt{2}=1+\frac{1}{1+\sqrt{2}}$$

右边的 $\sqrt{2}$,看会得到什么结果?

这正是我希望你说的。

让我来做这件事。现在右边变成

$$1+\frac{1}{1+\frac{3}{2}}=1+\frac{1}{\frac{5}{2}}=1+\frac{2}{5}=\frac{7}{5}$$

正好是数列中的下一个分数!

又改善了对$\sqrt{2}$的近似程度。所有这些都非常有趣,是吗?

非常有趣,所以我想把同样的工作再做一次。我们得到

$$1+\frac{1}{1+\frac{7}{5}}=1+\frac{1}{\frac{12}{5}}=1+\frac{5}{12}=\frac{17}{12}$$

这是数列中的第四项。

再次改善了对$\sqrt{2}$的近似程度。

就像是用另一种方法生成我们的原始数列。

的确是这样。第一次我们所取的粗略的近似值1可以看作数列中第一个分数$\frac{1}{1}$。你希望证明这个过程能产生我们的数列吗?

怎么证呢?请你提示我该从哪里开始。

假定$\frac{p}{q}$是我们用这种方法生成的最近一个分数,然后从这个分数开始。

好。代替我们刚刚获得的$\frac{17}{12}$这个分数,我设想我们此刻生成的分数是$\frac{p}{q}$,这是利用"古怪的"恒等式所生成的数列的典型项。是这样吗?

是的。此外,我们不用$\frac{m}{n}$,是为了避免作任何假定。

用$\frac{p}{q}$代替$\sqrt{2}$具体的近似值,做与前面相同的工作,下一项可以这样得到

$$1+\cfrac{1}{1+\cfrac{p}{q}}=1+\cfrac{1}{\cfrac{q+p}{q}}$$

$$=1+\frac{q}{p+q}$$

$$=\frac{(p+q)+q}{p+q}$$

$$=\frac{p+2q}{p+q}$$

这同前面的规则完全一样。

无非是用 $\boldsymbol{p}$ 代替以往的 $\boldsymbol{m}$，用 $\boldsymbol{q}$ 代替 $\boldsymbol{n}$。

因为种子还是 $1=\frac{1}{1}$，用新方法生成的数列与我们的原始数列相同。

于是我们用另一种方法发现了逼近 $\sqrt{2}$ 的同一个数列。

4.1 如果……将怎样呢？

如果我们选择从$\sqrt{2}$的另一个近似值开始，代到

$$\sqrt{2}=1+\frac{1}{1+\sqrt{2}}$$

的右边，而且，甚至选一个很离谱的近似值，那会发生什么？

从你刚才所做的工作中可以看出，生成数列的规则仍然不变，其实我们可以选择不同的种子。因此问题的实质就是：从另一个种子出发，一次次不断运用规则而生成的数列仍然逼近$\sqrt{2}$吗？

是的。

让我们作一些检查，看看会发生什么。

好。我是不是疯了，我选 10 作为种子。

这真是讨人喜欢并且经常使用的$\sqrt{2}$的近似值！

毫无疑问！让我开始工作，首先令 $p=10, q=1$，得到

$$\frac{p+2q}{p+q}=\frac{10+2}{10+1}=\frac{12}{11}$$

这样，下一项就是$\frac{12}{11}$。

对这个新的项的大小，你想说什么吗？

它非常接近于 1，我猜想这可能预示下一项将非常接近于我们前面的$\frac{3}{2}$。

你为什么这样说？

因为取$\frac{1}{1}$代入规则得到$\frac{3}{2}$，而$\frac{12}{11}$接近于 1，我猜想把它代入规则将得到一个接近于$\frac{3}{2}$的数。

我知道你的论点了。让我们看一看吧。

把 p 换成 12 而 q 换成 11，得到

$$\frac{p+2q}{p+q}=\frac{12+2(11)}{12+11}=\frac{34}{23}$$

这是新数列的第三项。

或许不容易看出，不过正如你的猜想，这个分数确实接近于$\frac{3}{2}$。

我打算在这个新数列中多计算几项。下一项的分母是 34 + 23 = 57，而它的分子是 34 + 2(23) = 80。

这意味着再后面一项的分母是 80 + 57 = 137，而分子是 80 + 2(57) = 194。

把这些项添加进去，这个新数列开头几个分数就是

$$\frac{10}{1}, \frac{12}{11}, \frac{34}{23}, \frac{80}{57}, \frac{194}{137}, \cdots$$

好，除了首项是“荒谬的”以外，这个数列看上去逐项都很接近数列

$$\frac{1}{1}, \frac{3}{2}, \frac{7}{5}, \frac{17}{12}, \frac{41}{29}, \cdots$$

因此，这个新数列肯定一项比一项更接近$\sqrt{2}$。

我同意你的看法。

我冒昧地把它们化为小数，保留小数点后五位数字，得到：

10.00000, 1.09090, 1.47826, 1.40350, 1.41605, …

确实指向$\sqrt{2}$。

你怎么能确信这一点？

我敢打赌。你可以证明我是对的。

如此自信！我们不妨像过去那样，把这些分数平方，看看它们与 2 有多接近。

这样就避免使用小数。为了发现证明的思路，你尽可能使用分数，是吗？

是的。便于寻找线索。

我应该从哪个数开始做起？

$10^2 = 100$ 距离 2 太远了，所以我们可以从下一项开始。

下一项是$\frac{12}{11}$。现在，

$$\left(\frac{12}{11}\right)^2 = \frac{144}{121}$$

$$= \frac{242 - 98}{121}$$

$$= 2 - \frac{98}{121}$$

我发现你在计算中又使用了老技巧，把新数列中第二项的平方表示为2减去一个分数$\frac{98}{121}$。

不过这显然不能看作小误差，第二项作为$\sqrt{2}$的近似值没有什么意义。

的确没有意义，你不可能指望它有。

让我来计算第三项$\frac{34}{23}$，我得到

$$\left(\frac{34}{23}\right)^2 = \frac{1156}{529}$$

$$= \frac{1058 + 98}{529}$$

$$= 2 + \frac{98}{529}$$

这里98又一次出现。难道是巧合吗？

你先告诉我，$\frac{34}{23}$有没有改善近似程度？

因为误差$\frac{98}{529}$比前面的误差$\frac{98}{121}$小，所以改善了。

我同意，这一次误差是有剩余，好像为了弥补此前的不足。不过$\sqrt{2}$的这个近似值同样不能令人满意。

它距$\sqrt{2}$仍然很远。我打算检查下一项$\frac{80}{57}$，看神奇的98是否再出现。

做做看。

好的，我得到

$$\left(\frac{80}{57}\right)^2 = \frac{6400}{3249}$$

$$= \frac{6498 - 98}{3249}$$

$$= 2 - \frac{98}{3249}$$

98 再次出现，这一回前面是负号。

因为$\frac{98}{3249}$是至今得到的最小误差，所以$\frac{80}{57}$改善了此前所有的近似值。

是的，但仍然不太理想。

的确不太理想。

不过当我们继续生成这个数列的项，它们就不断改善对$\sqrt{2}$的逼近，就像我们原始数列的项一样。

这就是我们正在证明的。

当然。在我们刚才所做工作的基础上，我最好先作些一般的观察。

或者更准确地说作一些猜想，这能启发我们进一步的工作。

首先，作为$\sqrt{2}$的近似值，数列的项不停地来回跳动，就像在$\frac{1}{1}$开始的数列中一样。

能不能说得准确一些?

不断地在$\sqrt{2}$的过剩近似值与不足近似值之间跳动，同时改善近似程度。

就像前面的交替模式。

但不完全一样。这一次数列的首项荒谬地大于$\sqrt{2}$，而原始数列的种子 1 则比较接近$\sqrt{2}$，而且是它的不足近似值。

这一点我同意。关于你所说的神奇的 98，有什么想法吗?

我想，我能解释为什么它始终出现。

请给我解释一下。

如果我没有错，它与一般项$\frac{p}{q}$分子平方减去分母平方的两倍p^2-2q^2有关。

你找到正确的思路了。

我们已经说明了如果数列中下一项是

$$\frac{p+2q}{p+q}$$

它分子的平方减去分母平方的两倍就是$2q^2-p^2=-(p^2-2q^2)$。

的确已经说明，因此怎样呢？

好，我们知道，如果在新数列中$\frac{p}{q}$是典型项，那么分数$\frac{p+2q}{p+q}$就是它的下一项。

是的。

这不正好就是从一项到下一项时，保证分子平方减去分母平方的两倍只须简单地改变符号这个规则吗？

就是这个规则。但 98 又是从哪里来的呢？

从荒唐的第一项 10，或者说$\frac{10}{1}$。当$\frac{p}{q}=\frac{10}{1}$时，$p^2-2q^2=100-2(1)=98$。

很好。因为p^2-2q^2或者是它自身，或者在前面添一个负号，所以 98 在数列中始终出现，这一次是 98，下一次是 −98，依此类推。现在又如何呢？

因为我们刚才所说的这些，我认为我能证明，用上面规则生成的任何一个数列，它的项都越来越接近$\sqrt{2}$。

对任何数列，无论它的首项是如何不合理，你都能证明吗？

我想是的。让我告诉你我的想法。

你正跨出一大步。

首先，无论所选择的第一项多么糟糕，对这个数列而言，p^2-2q^2的值是固定不变的。

好，当然带有正号或负号。"由符号决定"这种说法，表明它始终取

一个特定的数或者这个数的相反数

如果a是p^2-2q^2的值并且是一个正数，对于所选的第一项$\frac{p}{q}$有$p^2-2q^2=a$，那么从$\frac{p}{q}$往后数列的各项，这个量将是a和$-a$交替出现。

如果对于所选的第一项$\frac{p}{q}$，$p^2-2q^2=-a$，那么情况也一样。

我们能不能写成

$$p^2-2q^2=\pm a$$

就像以前对$a=1$的特殊情形一样？

可以。

如同你前面所做的，用q^2去除这个等式的两边，就得到

$$\left(\frac{p}{q}\right)^2=2\pm\frac{a}{q^2}$$

这个关系式说明，分数$\frac{p}{q}$的平方加上或者减去$\frac{a}{q^2}$后就等于2。

这个结论说明什么呢？

这不就意味着当q越来越大的时候，$\frac{a}{q^2}$就越来越小吗？

是的，无论a的取值如何，只要q趋于无穷。但你怎么断定q能趋于无穷呢？

我们以前曾讨论过后一个分数分母是前一个分数分子与分母的和，你要的理由与此不是很相似吗？

因为这些分子与分母都是正整数，所以分母能无限制地增长。

所以当q越来越大的时候，$\frac{a}{q^2}$就变得越来越小。

不管a的取值如何吗？

是的，即便a大到譬如说一千万，q的值最终总能超过这个数。而q^2的值还要更大，使$\frac{a}{q^2}$成为一个很小的分数。

这样，不论 a 有多大，$\frac{a}{q^2}$最终总能小到可以忽略不计吗？

正是。当分母 q 充分大的时候，数列中相应分数的平方就充分接近 2。

这就说明分数数列中的项不断地逼近$\sqrt{2}$。

根据我的推理就是这样。

也不论首项$\frac{p}{q}$是什么吗？

是的，只要它是一个正分数。

于是，无论首项如何，所有按规则

$$\frac{p}{q} \rightarrow \frac{p+2q}{p+q}$$

生成的数列就不断逼近$\sqrt{2}$吗？

我是这样想的。

你对问题的阐述完全正确，而且非常熟练。

谢谢。我已经很高兴了。不过我还想再做一些工作来检查我的一个猜想。

好，是另一次探索吗？

4.2 总在 1 和 2 之间

我想从一个更荒谬的近似值开始,看看最初几项会出现什么情形。

你打算选择怎样一个可笑的值?

为什么不选 1000 呢?

又一个众所周知的$\sqrt{2}$的近似值!

我知道这个近似值不合理,但我的理论是:运用规则,在几个分数之后,同样能获得$\sqrt{2}$很好的近似值。

试一试,马上可以看到你认为会发生的事是否发生。

令 $p=1000$ 而 $q=1$,规则给出

$$\frac{p+2q}{p+q}=\frac{1000+2}{1000+1}=\frac{1002}{1001}$$

这就是以 1000 为种子的数列的第二项。

你怎么看待这个结果?

符合我的直觉。与初值为 10 的时候所得到的结果$\frac{12}{11}$一样,这个新的数值接近于 1。

事实上,它非常接近于 1。

因为刚才这个数列的第二项已经接近于 1,从这里开始,它与前两个数列就没有大的差别,这个数列的项将按前两个数列中相应项大致相同的速度接近于$\sqrt{2}$。

不管速度如何,我相信将如你所说,你已经证明了这个数列的项必定趋向于$\sqrt{2}$。

现在我想做一个相反的工作,检查$\sqrt{2}$的很小的近似值,譬如说$\frac{1}{1000}$。当 $p=1$ 而 $q=1000$,按规则有

$$\frac{p+2q}{p+q}=\frac{1+2000}{1+1000}=\frac{2001}{1001}$$

这是以$\frac{1}{1000}$为首项的数列的第二项。

这一次你得到一个比 2 略小的分数。

这也很好，因为再一次运用规则将使我们进入“稳定下来”的阶段，如果可以这样说的话。

下一个分数是

$$\frac{2001+2(1001)}{2001+1001}=\frac{4003}{3002}$$

它接近于$\frac{4}{3}$。

接近于原始数列的$\frac{7}{5}$和$\frac{17}{12}$。所以，以$\frac{1}{1000}$为很小的种子，这个数列的项很快变大了。

这些数值的试验证实你的直觉了吗？

我想是的。我的直觉是这样的：

不管如何选择种子，运用规则

$$\frac{p}{q}\rightarrow\frac{p+2q}{p+q}$$

所生成的任何数列的第二项必定是 1 与 2 之间的一个数。

我想，我们将把你的直觉作为一个猜想。如果这个猜想是真的，它就给出某些方法，帮助我们认识为什么所有这样生成的数列的项都趋向于$\sqrt{2}$。

像以往一样，我不知道该从哪里开始用代数方法证明它。再一次请你帮助。

仅仅帮助你开始工作。你说过一句话“无论它的种子如何选择。”

是的，我说过。

你是指任何可能的有理数种子吗？

当我说任何种子的时候，我想，我是指任何可能的分数。

请给这个一般的有理数种子一个名字。

哦，是的。我能称它为$\frac{a}{b}$吗？

除$\frac{p}{q}$以外都可以。你不能使用$\frac{p}{q}$,因为它已被用来表示数列的典型分数。

这就会造成混淆。就用$\frac{a}{b}$吧。但我们不是已经用$\frac{a}{b}$表示种子了吗?

是的。这是合适的,因为 a 和 b 是字母表里的头两个字母。

既然这样,那么,

$$\frac{a+2b}{a+b}$$

就是一般的第二项。

正确,你能行。

可能,但现在我怎么做?

想一想,你打算用$\frac{a}{b}$表明什么。

哦,我明白了;一个很好的想法。我认为无论怎样选择$\frac{a}{b}$,下一项

$$\frac{a+2b}{a+b}$$

必定介于 1 和 2 之间。

是的,你现在可以着手工作了。

但我还是不知道从何入手。

我们无疑正面临困难,此时需要在我们想证明的事情与我们已知道的事情之间建立某种联系。

这种联系在哪里呢?

这就需要我们正确看待你的猜想,"它总是 1 与 2 之间的一个数。"

是的,但这又如何呢?

我们不就可以说,这个数是 1 加上某一个比 1 小的数;或者说,这个数是 1 加上一个真分数。真分数就是分子比分母小的分数。

我记得。但我还是理不出头绪。

回头想一想。最近我们得到一个表达式，它就是 1 加上一个数的形式。

对了，这就是

$$1+\cfrac{1}{1+\cfrac{p}{q}}$$

——处理恒等式时我们遇见的一个关系。

正确。

而且我们运用代数知识证明了

$$1+\cfrac{1}{1+\cfrac{p}{q}}=\frac{p+2q}{p+q}$$

是的，如果我们用 a 代替 p 而用 b 代替 q，那么我们讨论的焦点就无非是种子后面的那一项。

听你说多方便。这里肯定有一些线索，要是我能发现就好了。

我相信你能。借助种子 $\frac{a}{b}$ 后面的一项可以写成

$$\mathbf{1}+\cfrac{\mathbf{1}}{\mathbf{1}+\cfrac{\boldsymbol{a}}{\boldsymbol{b}}}$$

这个事实。

因为它是 1 加上一个数，所以我要做的全部工作就是证明这个数

$$\cfrac{1}{1+\cfrac{a}{b}}$$

比 1 小。

你最好还要证明这个数又比 0 大，否则 $1+\cfrac{1}{1+\cfrac{a}{b}}$ 成了从 1 中减去一个数。

哦！我自动假设$\frac{a}{b}$是正的。

你这样想很自然。但它不一定是正的，而你猜想的正确性却可能要求它是正的。

我脑子里只有所有可能的正的种子。在这种情形，$1+\frac{a}{b}$比1大。

同意，因为一个正数被加到1上。

所以

$$\frac{1}{1+\frac{a}{b}}$$

也是一个正数。

当然——正数的倒数还是正数。

这个数的分子小于分母，所以它是个小于1的分数。

还要有$\frac{a}{b}$是正数作为保证。

是的。现在我体会到这个假定的重要性。于是

$$\frac{a+2b}{a+b}=1+\frac{1}{1+\frac{a}{b}}$$

是1加上一个小于1的正分数。这就证明了我的直觉。

请你详细解释一下。

因为1加上一个小于1的正分数是一个介于1与2之间的分数。

无可挑剔。

而且这个分数$\frac{a+2b}{a+b}$是紧接着种子$\frac{a}{b}$的项。所以按规则生成的第二个近似值总是1和2之间的一个数，而无论正的种子取之于何处。

你已经超越了你自己。

不尽然；你始终引导着我。

我仅仅把你领到正确的轨道上，因为我觉得你不容易发现起点。

是的，我还从来没找到过起点，不过我很高兴我们抓住了它。对我来说，这个讨论是用代数方法解释一般性问题的另一个例子。

听你这么说我很高兴。你已经说明了，无论我们把$\sqrt{2}$的估计值$\frac{a}{b}$取得很大还是很小或者适中，最多两步以后，我们的过程就达到一个1与2之间的估计值。然后，规则就开始很快地产生$\sqrt{2}$越来越好的近似值。

我仍然觉得难以置信，我们可以取$\sqrt{2}$的任何估计值，无论它距$\sqrt{2}$有多远，都能启动逼近过程，并且经过六七步就迅速到达$\sqrt{2}$的很好的有理数近似值。

有一句格言，“良好的开端是成功的一半”，但在这里不适用，因为无论我们过程的起始有多糟糕，它在下一步就能自我修正。

它具有这样的功能。

有一点应当指出，刚才我特意让你使用观察结果

$$\frac{a+2b}{a+b}=1+\frac{1}{1+\frac{a}{b}}$$

因为这个式子前面已经出现，你可以运用你的推理，而不必使用任何新的代数方法。但我们能更直接地证明正的种子$\frac{a}{b}$后面一个分数$\frac{a+2b}{a+b}$必定在1和2之间。

怎么证呢？

不少人认为上面的写法有点怪——尽管它便于解决问题。下面的写法可能更规范

$$\frac{a+2b}{a+b}\overset{!}{=}\frac{(a+b)+b}{a+b}$$

$$=\frac{a+b}{a+b}+\frac{b}{a+b}$$

$$\Rightarrow\frac{a+2b}{a+b}=1+\frac{b}{a+b}$$

但我不知道对此该如何操作。

注意这里我用了一个以前也曾用过的表示方法。

我看见你在第一个等号上打了一个惊叹号，说明它是很巧妙的一步。

对于后两步，这是重要的起点，它给我们一个等式，可以用它来证明你的断言。你看得出吗？

我又得认真想一想。如果 a 和 b 都是正的，当然我知道的确如此，那么分数$\frac{b}{a+b}$的分子 b 就小于它的分母 $a+b$，这就意味着这个分数是一个小于 1 的正分数。

正确。于是 1 加上这个分数就必定是 1 与 2 之间的一个分数。

我明白了。我认为这个推理过程比我们前面那个更简短。

你对$\sqrt{2}$最初的近似值的质疑引发了这场讨论，在结束讨论之前，我希望你再做一个大胆的试验。

什么试验？

你最初的近似值是分数，这是唯一正确合理的方法，因为我们的目标是寻找$\sqrt{2}$的有理数近似值。但如果我们选择种子为$\sqrt{2}$自身，并对它运用规则，会发生什么情形？

分数$\frac{a}{b}$怎么能等于$\sqrt{2}$呢？

如我们所熟知的，$\sqrt{2}$不是有理数，因此在我们以往所使用的“分数”这个词的规范意义下，$\frac{a}{b}$不可能等于$\sqrt{2}$。但如果我们对 $a=\sqrt{2}$ 和 $b=1$ 运用规则，那么$\frac{a}{b}$就等于$\sqrt{2}$了。

这就是说

$$\sqrt{2}=\frac{\sqrt{2}}{1}$$

是的，这是我们以前用过的手法。

我试试看，我们有

$$\sqrt{2}=\frac{\sqrt{2}}{1}\rightarrow\frac{\sqrt{2}+2(1)}{\sqrt{2}+1}$$

于是,按规则

$$\frac{\sqrt{2}}{1}\rightarrow\frac{2+\sqrt{2}}{\sqrt{2}+1}$$

是的,你能不能化简这个式子的右边,把它表示为更简单的形式?

从哪里开始?我看不出什么地方还可以化简。

用$\sqrt{2}$的定义。

好。运用$\sqrt{2}\times\sqrt{2}=2$这个事实,我们可以在分子里用$\sqrt{2}\times\sqrt{2}$代替2,得到

$$\frac{2+\sqrt{2}}{\sqrt{2}+1}=\frac{\sqrt{2}\times\sqrt{2}+\sqrt{2}}{\sqrt{2}+1}=\frac{\sqrt{2}(\sqrt{2}+1)}{\sqrt{2}+1}=\sqrt{2}$$

于是按规则

$$\frac{\sqrt{2}}{1}\rightarrow\sqrt{2}$$

或者更简单地

$$\sqrt{2}\rightarrow\sqrt{2}$$

令人惊讶,在这个规则之下,一个数变成它自身!

是的。你能说明其中的道理吗?

当应用规则于一个近似于$\sqrt{2}$的分数时,得到$\sqrt{2}$的一个新的近似值,它更接近$\sqrt{2}$,所以是$\sqrt{2}$更好的近似值。但如果我们从$\sqrt{2}$的准确值开始,规则就不可能进一步改善它,只能得到$\sqrt{2}$自身。

听上去很自信。所以当种子是$\sqrt{2}$时,由规则生成的数列就是

$$\sqrt{2},\ \sqrt{2},\ \sqrt{2},\ \sqrt{2},\ \sqrt{2},\ \sqrt{2},\ \cdots$$

因为每一项都相同,所以称它为"常"数列。

在这种情形,可以说没有变化?

或者说规则固定地导出$\sqrt{2}$。

它还能固定导出其他数吗?

是的。还有一个数。你可以实践一下你的代数知识，试着找出这个数。

我另找时间做这个工作吧。如果我同样运用规则于另一个无理数种子，譬如说$\sqrt{3}$，会发生什么情形呢？

或者甚至对 π 这样的数。如果你运用规则六七次，你会得到包含$\sqrt{3}$或 π 的表达式，它们很好地近似于$\sqrt{2}$ 。

这应该是另一次探索。

4.3 想象力的一个大胆飞跃

回到恒等式

$$\sqrt{2}=1+\frac{1}{1+\sqrt{2}}$$

从这个恒等式,我们用与你当初不同的方法引出了数列

$$\frac{1}{1},\frac{3}{2},\frac{7}{5},\frac{17}{12},\frac{41}{29},\frac{99}{70},\frac{239}{169},\frac{577}{408},\cdots$$

我们用 1 代替式子右边的$\sqrt{2}$,并将得到的近似值再代入恒等式,如此重复进行下去。

现在我打算再次以恒等式为起点,沿另一个方向工作。

那就让我们动手吧。

我们的第一步是一个大胆的设想。看!这一次我打算用一样东西代替恒等式右边的$\sqrt{2}$,但不像以前那样用$\sqrt{2}$的近似值,而是用准确相等的值。

用什么东西代替才能准确相等呢?

用恒等式右边的整个式子代替,恒等式的左边告诉我们,这就是$\sqrt{2}$。

我似懂非懂。

我打算把恒等式等号右边的$\sqrt{2}$用

$$1+\frac{1}{1+\sqrt{2}}$$

代替,这个式子不就等于$\sqrt{2}$吗?

让我想一想。不错,这是因为恒等式的左边是$\sqrt{2}$。

这样我就可以把恒等式右边的$\sqrt{2}$用刚才这个式子代换。

哦!现在我看出你的用意了。确实是大胆的设想。

我们得到

$$\sqrt{2}=1+\frac{1}{1+\left(1+\frac{1}{1+\sqrt{2}}\right)}$$

你可能觉得这有点古怪。

可以这样说！

化简右边的表达式，我们得到

$$\sqrt{2}=1+\cfrac{1}{2+\cfrac{1}{1+\sqrt{2}}}$$

看上去整齐一些了。

不过确实有点古怪。

现在对这个三层表达式右下角的$\sqrt{2}$作与刚才同样的代换。我们完全可以这样做。

简直不可思议！

更大胆的设想是用刚才得到的新恒等式右边的整个式子替换$\sqrt{2}$。不过这将引出另外的结果。

真是匪夷所思！

可能。还是按原来的计划，我们得到表达式

$$\sqrt{2}=1+\cfrac{1}{2+\cfrac{1}{1+\left(1+\cfrac{1}{1+\sqrt{2}}\right)}}$$

化简为

$$\sqrt{2}=1+\cfrac{1}{2+\cfrac{1}{2+\cfrac{1}{1+\sqrt{2}}}}$$

这个式子比前一个更有趣。

可以说它有四层。以前我从没见过这样的式子。右面的分数像一架倾斜45度的梯子。

如果你仔细检查，你会发现它的结构很简单。如果我们再做一次刚才所做的工作，我们将得到什么？

我们将得到十分相似的式子，但在最下面一层

$$2+\frac{1}{1+\sqrt{2}}$$

之前，多了形如$2+\frac{1}{}$的一层。

是的，整个表达式是

$$\sqrt{2}=1+\cfrac{1}{2+\cfrac{1}{2+\cfrac{1}{2+\cfrac{1}{1+\sqrt{2}}}}}$$

就像你说的一样，梯子更长了，右边的分母里有三个 2，而前一架梯子中只有两个。

我们能不能不断地实施这种代换直至无穷？

从理论上说当然可以。事实上，想象我们已经做到这一点，我们就得到$\sqrt{2}$的一个所谓无穷连分数展开式：

$$\sqrt{2}=1+\cfrac{1}{2+\cfrac{1}{2+\cfrac{1}{2+\cfrac{1}{2+\ddots}}}}$$①

整个表达式很有魅力。

除了紧挨着等号的第一个 1，右边的式子里有无穷多个 2 和同样无穷多个 1。

是的。把第一个 1 移到等号另一边，就得到更简明的式子

$$\sqrt{2}-1=\cfrac{1}{2+\cfrac{1}{2+\cfrac{1}{2+\cfrac{1}{2+\ddots}}}}$$

这两个表达式都和我以前见过的有所不同。

撇开无穷性不谈，$\sqrt{2}$和$\sqrt{2}-1$的无穷连分数表达式具有简单的构造。同样的结构一遍又一遍反复出现，逐层向下延伸。于是除了基本定义，$\sqrt{2}$

① $\ddots$ 表示按这个模式继续下去，直至无穷。——原注

又有了另一个简明的形式，就是它的连分数展开式。

人们可能觉得连分数展开式并不简单，但它肯定是有趣的。

的确不寻常。据我所知，这个无穷连分数展开式属于意大利数学家邦贝利（Raphael Bombelli，1526—1572），大约在 1572 年他发明了这个写法。

在此之前不为人知吗？

我无法回答。不过使用平方根的数学符号 $\sqrt{\ }$ 时间也并不长远。

一旦你听说怎样获得连分数，就仿佛人们一直在使用它。

所有这些都鼓舞我们继续探索。

你是说我们还能找到宝藏？

可能，但无法预料；不过一定能获得更多发现的喜悦。

这是我们心中的宝藏。

4.4 另一个戏法

现在我要给你表演另一个戏法，它可能向你提出挑战。

哦，好啊！

问题很简单。我们已经看见，如果我们用 1 代替

$$\sqrt{2}=1+\cfrac{1}{1+\sqrt{2}}$$

右端的$\sqrt{2}$，这一端就变为

$$1+\frac{1}{1+1}=1+\frac{1}{2}$$

也就是分数$\frac{3}{2}$。

我记得。

而这个表达式也就是把$\sqrt{2}$的无穷连分数展开式

$$1+\cfrac{1}{2+\cfrac{1}{2+\cfrac{1}{2+\cfrac{1}{2+\ddots}}}}$$

截到第二个加号前面或第一个 2 后面得到的。

让我检查一下，是的，是这样。

现在如果我们用 1 代替

$$\sqrt{2}=1+\cfrac{1}{2+\cfrac{1}{1+\sqrt{2}}}$$

这个三层表达式右边的$\sqrt{2}$，我们将得到什么？

我来算一算。在右端用 1 代替$\sqrt{2}$，就得到

$$1+\cfrac{1}{2+\cfrac{1}{1+1}}=1+\cfrac{1}{2+\cfrac{1}{2}}$$

$$= 1 + \cfrac{1}{\cfrac{5}{2}} = 1 + \frac{2}{5}$$

$$= \frac{7}{5}$$

令人惊讶——这就是数列

$$\frac{1}{1}, \frac{3}{2}, \frac{7}{5}, \frac{17}{12}, \frac{41}{29}, \frac{99}{70}, \frac{239}{169}, \frac{577}{408}, \cdots$$

中$\frac{3}{2}$后面的那个分数。

$\sqrt{2}$无穷连分数展开式截到第三个加号之前，就得到数列中的第三个分数。

这样

$$1 + \frac{1}{2} = \frac{3}{2} \text{和} 1 + \cfrac{1}{2 + \cfrac{1}{2}} = \frac{7}{5}$$

就从另一个角度来解释这些分数。你所说的挑战是不是证明这个模式能够继续?

正是。数列中第四个分数是通过用1代替四层表达式

$$\sqrt{2} = 1 + \cfrac{1}{2 + \cfrac{1}{2 + \cfrac{1}{1 + \sqrt{2}}}}$$

右端的$\sqrt{2}$，或者把$\sqrt{2}$的无穷连分数展开式截到第四个加号之前得到的

$$1 + \cfrac{1}{2 + \cfrac{1}{2 + \cfrac{1}{2}}}$$

这两种说法是等价的。计算它就得到分数$\frac{17}{12}$。

我发现一种更快的算法。把表达式中第一个2写成1+1，得到

$$1 + \cfrac{1}{1 + \left(1 + \cfrac{1}{2 + \cfrac{1}{2}}\right)}$$

我用大的括号把一部分括起来，而我从此前的工作知道，这部分就是分数$\frac{7}{5}$。

很聪明！

用$\frac{7}{5}$代入，得到

$$1+\cfrac{1}{1+\cfrac{7}{5}}=\frac{17}{12}$$

这就是四层展开式或者无穷连分数截至第四个加号之前的值。

非常成功！

这最后一个等式也说明，代表分数$\frac{17}{12}$的四层梯子数就等于在最初两层恒等式

$$\sqrt{2}=1+\frac{1}{1+\sqrt{2}}$$

的右边用第三个近似值$\frac{7}{5}$代替$\sqrt{2}$而得到的结果，果然对我们来说毫无意外。

有了你刚才一步接一步的推理，我们想要证明的结论就变得很清楚了。事实上，至此我们已经说明了

$$\frac{1}{1}=1$$

$$\frac{3}{2}=1+\frac{1}{2}$$

$$\frac{7}{5}=1+\cfrac{1}{2+\cfrac{1}{2}}$$

$$\frac{17}{12}=1+\cfrac{1}{2+\cfrac{1}{2+\cfrac{1}{2}}}$$

其中第一项是由$\sqrt{2}$的无穷连分数展开式截至第一个加号之前而获得的。

这样做给出数列的第一项,并使得整个猜想具有一贯性。

我想,我们现在该用代数方法证明,截断无穷连分数是依次产生原始数列中分数的另一种方法。

或许这个工作可以暂缓一会儿。我想告诉你,这些如你所说的梯子数有一个经常使用的简单记法。这种记法避免了连分数中重重叠叠的分数线,使处理连分数不那么麻烦。

让我看看。

两层的分数

$$\mathbf{1+\frac{1}{2}}$$

写作[1;2],而三层的分数

$$\mathbf{1+\cfrac{1}{2+\cfrac{1}{2}}}$$

写作[1;2,2]。这种写法是那些不便于书写的梯子数的紧凑形式。

让我看看我是否掌握这种写法。现在[1;2,2,2]就是

$$1+\cfrac{1}{2+\cfrac{1}{2+\cfrac{1}{2}}}$$

这个含有三个2的四层梯子数的缩写吗?

正确!

为什么第一个数后面用分号?

分号前面的数1代表第一个加号前面的数1。它是所表示的数的整数部分。分号后面的数依次代表出现在第一个加号后面的分数部分。

就是旁边的那些2。那么1自身怎么写呢?

写成[1]。没有分号,它被理解为一个整数。

就是它自身。

用这种方法,我们可以把前面的结果写成

$$\mathbf{\frac{1}{1}=[1]}$$

$$\frac{3}{2} = [1;2]$$

$$\frac{7}{5} = [1;2,2]$$

$$\frac{17}{12} = [1;2,2,2]$$

——我想你会同意这种写法。

是的。

经过计算,我们就知道

$$[1;2,2,2,2] = \frac{41}{29}, \text{而}[1;2,2,2,2,2] = \frac{99}{70}$$

于是,用新的记法,我们希望说明,数列

$$\frac{1}{1}, \frac{3}{2}, \frac{7}{5}, \frac{17}{12}, \frac{41}{29}, \frac{99}{70}, \cdots$$

可以写成

$$[1],[1;2],[1;2,2],[1;2,2,2],[1;2,2,2,2],[1;2,2,2,2,2],\cdots$$

一定与你见过的任何数列不同。

的确如此。那么我就来证明这个形式古怪的数列的项与我们熟悉的数列的项对应相等。

希望你工作顺利。

按这种新写法,下面的等式

$$1+\cfrac{1}{2+\cfrac{1}{2+\cfrac{1}{2}}} = 1+\cfrac{1}{1+\left(1+\cfrac{1}{2+\cfrac{1}{2}}\right)}$$

可以表示为

$$[1;2,2,2] = 1 + \frac{1}{1+[1;2,2]}$$

看上去很简单。

是的,这个新的表达式掩盖了它的复杂性。现在我们必须作出从特殊到一般的飞跃,算术必须让位于代数。当然只需要一点儿代数。

希望我能找到正确的推理方法。

不用担心，你已经有想法了。

我打算用分数$\frac{r}{s}$表示一个特殊梯子数的计算结果。

我注意到你选择了两个新的字母表示这个分数。

为了避免任何误会。

新的字母用于新的推理过程。

我们把这些梯子数表示为[1;2,2,2,…,2,2]的形式。当中的省略号留给个数不确定的2。

很有见地。你已经掌握了运用这种记法的窍门。

我设

$$[1;2,2,2,\cdots,2,2]=\frac{r}{s}$$

——它是相当于$\frac{r}{s}$的典型梯子数。

我同意。

现在我希望证明表示$\frac{r}{s}$的有限连分数增加一层，或者按新的记法，在[1;2,2,2,…,2,2]中增加一个2，所得到的结果就是分数

$$\frac{r+2s}{r+s}$$

这就是生成主数列的跨一级规则，用 r 和 s 表示它的项，代替惯用的 m 和 n。

是的。

既然你能够做这些，想必你胸有成竹了？

我相信是这样，因为我知道前几个梯子数转化为数列的前几项。

同意你的看法。于是梯子数每增加一层，数列中的一项就过渡到下一项。

这就是我考虑的方法。

你已经发现了证明的核心。

这个核心就在于我们知道两个相邻的梯子数是这样相联系的

$$[1;2,2,2,\cdots,2,2,2]=1+\frac{1}{1+[1;2,2,2,\cdots,2,2]}$$

很了不起!

右端分母中的$[1;2,2,2,\cdots,2,2]$是$\frac{r}{s}$,于是下一个梯子数所表示的分数是

$$1+\frac{1}{1+\frac{r}{s}}$$

你有异议吗?

没有疑问。

很好。我们以前曾见过这个表达式,那里的 p 现在是 r,而那里的 q 现在是 s。化简这个分数,我们得到

$$\frac{r+2s}{r+s}$$

自始至终都做得很好,这是一个了不起的成果。于是我们可以肯定地说,梯子数列

$$1,1+\frac{1}{2},1+\frac{1}{2+\frac{1}{2}},1+\frac{1}{2+\frac{1}{2+\frac{1}{2}}},\cdots$$

是分数数列

$$\frac{1}{1},\frac{3}{2},\frac{7}{5},\frac{17}{12},\cdots$$

的另一种表达形式。由于显然的原因,我们可以称这些梯子数为有限连分数。

它们是“正规”分数的比较奇特的表示方式。

对。但如果表示为比较紧凑的写法

$$[1],[1;2],[1;2,2],[1;2,2,2],[1;2,2,2,2],[1;2,2,2,2,2],\cdots$$

它们就具有很吸引人的形式。

我认为可以有把握地说，按这种写法

$$\sqrt{2}=[1;2,2,2,2,2,\cdots]$$

把 2 一直写下去。

直至无穷。这个无穷连分数经常简记为 $[\mathbf{1};\overline{\mathbf{2}}]$，这里 $\overline{\mathbf{2}}$ 表示把 2 永远写下去。

有点像循环小数展开式中的表示方法。

是的。我们可以写

$$\sqrt{\mathbf{2}}=[\mathbf{1};\overline{\mathbf{2}}]$$

右边简短的式子浓缩了一个事实，即这个无穷梯子的每一级间隔都相同。

除了第一级之外。

是的。这种极端的简单性使 $\sqrt{\mathbf{2}}$ 成为无穷连分数王国中高贵的一员，并使它具有某些性质，这些性质将是我们后面探索的依据。

我期待着。

好，我们还有些问题有待讨论。

4.5 所有的分数

主数列中的每个分数都有一个有限连分数展开式。

是的。

是否每个分数都有一个有限连分数展开式？如果有的话，如何求得它？

每个分数都有一个有限连分数展开式，有些分数的展开式很容易得到，有些则不然。

能举个例子吗？

例如，$\frac{20}{13}$的有限连分数展开式可以这样得到：

$$\frac{20}{13}=1+\frac{7}{13}$$

$$=1+\frac{1}{\frac{13}{7}}$$

$$=1+\frac{1}{1+\frac{6}{7}}$$

$$=1+\frac{1}{1+\frac{1}{\frac{7}{6}}}$$

$$\Rightarrow\frac{20}{13}=1+\frac{1}{1+\frac{1}{1+\frac{1}{6}}}$$

这是够繁琐的计算，但还不算太长。

我想，我知道该如何来做这件事。

怎么做？

把比1 小的分数部分写作它的倒数分之1，就像你把$\frac{6}{7}$写作$\frac{1}{\frac{7}{6}}$。

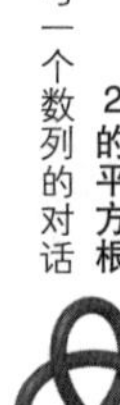

是的。

分母里的下一个分数大于 1，把它写成一个整数加上一个新的小于 1 的分数。于是再次做相同的工作，直到不能做为止。

的确如此。运用紧凑的写法，就有

$$\frac{20}{13}=[1;1,1,6]$$

如果我们把这里的分子从 20 变成 21，请说明我们该怎么办。

这一定很麻烦。

你会喜欢这个计算的，再数一数需要多少计算步骤。

我这样做

$$\frac{21}{13}=1+\frac{8}{13}=1+\cfrac{1}{\frac{13}{8}}$$

$$=1+\cfrac{1}{1+\frac{5}{8}}=1+\cfrac{1}{1+\cfrac{1}{\frac{8}{5}}}$$

$$=1+\cfrac{1}{1+\cfrac{1}{1+\frac{3}{5}}}=1+\cfrac{1}{1+\cfrac{1}{1+\cfrac{1}{\frac{5}{3}}}}$$

$$=1+\cfrac{1}{1+\cfrac{1}{1+\cfrac{1}{1+\frac{2}{3}}}}=1+\cfrac{1}{1+\cfrac{1}{1+\cfrac{1}{1+\cfrac{1}{\frac{3}{2}}}}}$$

$$\Rightarrow\frac{21}{13}=1+\cfrac{1}{1+\cfrac{1}{1+\cfrac{1}{1+\cfrac{1}{1+\frac{1}{2}}}}}$$

好，总算完成了。

一共有多少运算步骤?

我数了,有九个等号,表明我做了九步运算。

尽管很繁琐,但给人深刻的印象。用紧凑记法

$$\frac{21}{13}=[1;1,1,1,1,2]$$

除了最后一个 2 以外都是 1。如果我们喜欢,我们还可以写作都是 1 的形式

$$\frac{21}{13}=1+\cfrac{1}{1+\cfrac{1}{1+\cfrac{1}{1+\cfrac{1}{1+\cfrac{1}{1+1}}}}}$$

称之为紧凑记法的修改版。

我猜想,这里能够都写成 1 不是偶然的。

这是因为刚才的分数属于比较特殊的一类。

毫无疑问,这是另一个课题。

是的。现在有一个问题:我们何以能断定一个正规分数的连分数展开式是有限的?

思考这个问题一定需要很多时间。

4.6 希罗(Hero)方法

此刻你一定发现我们所作的讨论不外乎数列

$$\frac{1}{1},\frac{3}{2},\frac{7}{5},\frac{17}{12},\frac{41}{29},\frac{99}{70},\frac{239}{169},\frac{577}{408},\cdots$$

以及与这个数列直接相关的问题。

我真惊讶关于这个数列我们讨论了这么多事情,我未必都能记住。但我记得最重要的一件,那就是这个数列的项不断给出$\sqrt{2}$的越来越好的近似值。

那肯定是在寻找$\sqrt{2}$小数展开式越来越多的数字的时候。

那个工作我们已经搁置很久了。

我知道。对此我很清楚,看你什么时候要求我做这件事。

我已经忘了这件事,直到你刚才提起小数展开式的数字。

这表明你已经沉浸于我们的探索,即便并不完全集中于$\sqrt{2}$的小数展开式。

除了有趣之外,还充实了我的精神。

与这个数列相关的问题促使我们考虑它的两个子列以及有关数列。此外,恒等式

$$\sqrt{2}=1+\frac{1}{1+\sqrt{2}}$$

允许我们从另一个角度看待这个数列,并由此引出连分数,或如你所说的梯子数。每一次转向新的问题或新的探索时,看来总是联想在发挥作用。

正是这样。

这是提出问题的本质。如果你被这类调查所吸引,那就很容易理解为什么你情愿把大好的时光花在思索并提出数学问题上。

据说这就是许多数学家所做的事。

这几乎是肯定的。

我们要拓展关于$\sqrt{2}$小数展开式的知识吗?

是的,其实一直以来,我们都可以计算数列的许多项,如我们所希望

的那样，然后把最后一个分数化为与它相等的小数，而得到$\sqrt{2}$的一个近似值。但我们没有必要作无谓的计算，去求准确程度远远超过具体问题需要的近似值。

但是如果我们做了这件事，我们还有什么可讨论的呢？

所以可能有人会说我们早该做这件事，并由此结束我们的工作。

决不！我不这样想。何况我学习一种技能，是因为我相信在别处也有用；即便用不上，学习也不是负担。

听你这么说我很高兴。关于寻找$\sqrt{2}$小数展开式更多数字的问题，我始终拖延着没有作进一步的讨论，对此我希望你能理解。

当然。你是希望我们的讨论更有声有色吧？

在某种意义上的确是这样。我希望我们发展更优越的方法，不仅简单地使用我们的主数列。我先介绍一种途径，寻找其他逼近方法，与我们已知的方法相比，它更壮观。

壮观？这一定很有趣。

至少从公元一世纪起，这个方法就为人所知，很多人认为，更早以前，古巴比伦人已很好地使用了这种方法。我们曾在讨论$\sqrt{2}$的六十进制近似值时提及古巴比伦人。

真吸引人！这种方法用的是一种完全不同的思路吗？

我要介绍的方法不同于我们曾经使用的任何方法。这种方法可能使你惊讶。

我希望是愉快的惊讶。

我们又需要用一点儿代数。至今我们所运用的代数知识很巧妙，远远胜过观察，但并不很难理解，特别是当你在上下文的展开中看到它们的时候。我想我这样说是公正的。

你现在要用的代数知识比以往困难吗？

我不认为如此。

让我们开始吧，我已经准备好了！

首先假定我们已经有了$\sqrt{2}$的一个近似值a，我们希望找到一个更好的。

你用字母 a，是因为它是单词“近似值”①的第一个字母吗？

是的；它与我们过去使用过的任何 a 无关。你知道，当我们想寻找一种能一般地运用的方法时，用一个字母，譬如说 a，比用一个具体的数好。

如果你所作的不是这样的探索，使用具体的数会比用字母更好吗？

也许会，不过很少遇见这种情形。前面我可能说过，当你使用具体的数来工作时，你只看见树而看不见森林。

现在我对这一点有比以往更深的体会。请你继续说吧。

好，因为 a 仅仅是 $\sqrt{2}$ 的一个近似值，这里就有一个误差，譬如说 ε。数学家们通常用这个希腊字母来表示“很小的”量。

它与“误差”的第一个字母 e② 很相似。

是的。我们记 $a+\varepsilon=\sqrt{2}$。

你是否假定 a 是 $\sqrt{2}$ 的一个不足近似值，而 ε 是正数？

问得好，但回答是否定的，尽管表达式 $a+\varepsilon=\sqrt{2}$ 看上去可能使人产生这样的联想。a 也可能是 $\sqrt{2}$ 的一个过剩近似值，这时 ε 实际上是一个负数。

你采用的代数方法对两种情形都成立吗？

是的。如果

$$a+\varepsilon=\sqrt{2}$$

把这个等式两边平方，就得到

$$(a+\varepsilon)\times(a+\varepsilon)=\sqrt{2}\times\sqrt{2}$$

或者

$$a^2+2a\varepsilon+\varepsilon^2=2③$$

① “近似值”的英文单词是 approximation。——译注

② “误差”的英文单词是 error。——译注

③
$$\begin{array}{rl} & a \quad +\varepsilon \\ \times & a \quad +\varepsilon \\ \hline & a^2+a\varepsilon \\ & \qquad +a\varepsilon+\varepsilon^2 \\ \hline & a^2+2a\varepsilon+\varepsilon^2 \end{array}$$
——原注

这是因为$\sqrt{2}\times\sqrt{2}=2$。

又一次用到$\sqrt{2}$的定义。

这个等式可以看作 ε 的“二次”方程,不过我们不这样看待它。

我在学校学过二次方程,可以用公式求它们的解。不需要运用这些知识吗?

不需要。它只能给出平方根,不能解决我们当前的问题。

我们试图避免平方根吗?

在某种意义上是这样,因为我们的工作离不开分数。我们寻找的是一个特殊的平方根$\sqrt{2}$的近似值,而不是平方根本身。我想介绍由上面方程引出的一种巧妙想法。

什么想法?

舍去 ε^2 这一项。如果 ε 如我们所希望的很小,那么 ε^2 就更小①;小到可以忽略不计。从上面方程中删去这个“高阶的项”,得到

$$a^2+2a\varepsilon\approx 2$$

这是一个比前面的方程简单得多的表达式,这种简化使我们不必运用求根公式,因为公式解不适合于我们的讨论。

你能这样做吗?轻易地扔掉一个项?

能,我们不假思索地删掉它!我知道似乎毫无道理,没有一个人能料到思维严密审慎的数学家会这样做。

与我的想法一样!

有时需要变通,就像绕过难以清除的障碍。这个新表达式很方便,容易解出它,得到

$$\varepsilon\approx\frac{2-a^2}{2a}$$

这里 ε 用已知的值 a 来表示。

现在又怎样呢?

① 例如,$(0.01)^2=0.0001$。——原注

好，根据推测——此刻我们无法说得更多——把对 ε 的这个估计值加到 a 上，我们得到$\sqrt{2}$的一个改善了的近似值。

如果 a 是一个不足近似值，那么 ε 就是一个正数，加到 a 上改善了这个不足近似值；而如果 a 是一个过剩近似值，那么 ε 就是一个负数，加到 a 上，将使这个过剩近似值变小，同样改善了它。是这样吗？

是的。现在我们可以说

$$a+\varepsilon \approx a+\frac{2-a^2}{2a}$$

$$=\frac{2a^2+2-a^2}{2a}$$

$$=\frac{a^2+2}{2a}$$

把分母中的 2 移到前面成为$\frac{1}{2}$，并用分母里的 a 分别除分子里的各项，我们得到

$$\frac{1}{2}\left(a+\frac{2}{a}\right)$$

这就是$\sqrt{2}$新的近似值简明的表达式。

不见了的 ε 的踪影。

它仅仅起脚手架的作用。这样

$$a \to \frac{1}{2}\left(a+\frac{2}{a}\right)①$$

就是我们新的逼近规则。

看上去够简单。

只用一个字母的式子来表达，它绝对是最简单的表达式。

你打算解释如何运用这个规则吗？

当然。它说，如果 a 是$\sqrt{2}$的一个近似值，那么下一个近似值可以通过计算→右端的表达式而得到。

① → 读作“变成”。——原注

我明白了。

为什么我们不尝试用一些数代入式子来熟悉这个规则呢？

好。我打算从 $a=1$ 开始。

为什么用 $a=1$？

因为它与我们主数列中的种子$\frac{1}{1}$相同。

因为好奇，所以你把新的规则去与老的相比吗？

岂止是好奇。

很好的想法；那就开始工作吧！

令 $a=1$，箭头右边给出

$$\frac{1}{2}\left(1+\frac{2}{1}\right)=\frac{1}{2}(3)=\frac{3}{2}$$

这是我们原始数列中的第二个分数。

你失望吗？

还没有。至少它是最初的近似值 1 的一个改善。现在我打算更新 a 的值为$\frac{3}{2}$，看下一次会发生什么。

好主意。

当 $a=\frac{3}{2}$，我们得到

$$\frac{1}{2}\left(\frac{3}{2}+\frac{2}{\frac{3}{2}}\right)=\frac{1}{2}\left(\frac{3}{2}+\frac{4}{3}\right)=\frac{17}{12}$$

这是一个可喜的新的好消息。

可喜的新的好消息——你是指什么？

新，因为现在的方法导出$\frac{17}{12}$而不是$\frac{7}{5}$，在数列

$$\frac{1}{1},\ \frac{3}{2},\ \frac{7}{5},\ \frac{17}{12},\ \frac{41}{29},\ \frac{99}{70},\ \frac{239}{169},\ \frac{577}{408},\ \cdots$$

中，$\frac{7}{5}$是$\frac{3}{2}$后面一项。可喜，是因为$\frac{17}{12}$是$\sqrt{2}$的比$\frac{3}{2}$和$\frac{7}{5}$都好的近似

值；好消息，是因为$\frac{17}{12}$本身是数列中的一个分数，这真令人惊讶。

是的，这是一个惊喜，我曾经许诺过。

你是说新方法能产生数列中的分数？

是的。

我不知道原因，但我选择了 $a=1$ 作为最初的近似值，结果肯定与此有关。

当然。如果你不选择它，我们就得不到原始数列的项。

我很高兴做这个工作，我想我很快就能说明，如果初始值 a 不选数列中的任何分数，会生成一个完全不同的分数数列。

当你有空的时候，你试一试种子$\frac{2}{1}$，它不在基本数列中，看看你会得到什么。

我会做的。这个新方法跳过$\frac{7}{5}$而到达$\frac{17}{12}$。

是这样。

我打算令 a 为$\frac{17}{12}$，看是否跳过更多的项。

我正想自己做这件事。

好。当 $a=\frac{17}{12}$，我们有

$$\frac{1}{2}\left(\frac{17}{12}+\frac{2}{\frac{17}{12}}\right)=\frac{1}{2}\left(\frac{17}{12}+\frac{24}{17}\right)=\frac{577}{408}$$

——得到我们数列的第八项。

这一次，这个方法跳过三个分数，到达第八项。

如你所说，这种新方法真壮观。它更强大。

更强大意味着什么？

它更快地生成越来越接近$\sqrt{2}$的近似值。

看来的确如此。

从 $a=1=\frac{1}{1}$开始，它生成一个子列，最初几项是

$$\frac{1}{1},\ \frac{3}{2},\ \frac{17}{12},\ \frac{577}{408},\ \cdots$$

因为这些分数在基本数列中占据 1,2,4 和 8 的位置，看来它生成主数列的一个很特殊的子列。

4.7 一点历史

在我们动手做其他事情之前，我应当告诉你，通常认为巴比伦人在三千多年前就能使用$\sqrt{2}$的这些分数近似值了。

你以前说起过，巴比伦人已经知道这些分数中的一些。那么他们知道这个方法吗？

我们刚才介绍的规则有更一般的形式，这个更一般的形式能寻找任何平方根的近似值，据信是公元一世纪亚历山大的希罗创立了这种方法。

公元一世纪，距离你所说巴比伦人首次知道这些近似值的公元前1600年是长得惊人的时间啊。

是的，很有趣。他们知道希罗的方法却在他之前那么多年？如果像有些人所相信的确实如此的话，那么这就是一场竞赛，而胜者将获得“世界上最古老算法”的称号。

他们，或者希罗如何想出这种方法的——与我们的工作相同吗？

有一种理论认为，他们知道，如果 a 是$\sqrt{2}$一个正的近似值，数直线上它在$\sqrt{2}$的一侧，那么$\frac{2}{a}$就在$\sqrt{2}$的另一侧。因为两个数的平均数位于两个数之间，这个平均数就必定比 a 和$\frac{2}{a}$更接近$\sqrt{2}$，因此是比二者更好的近似值。

它立刻解决了改善近似值的问题。这个平均数就是

$$\frac{1}{2}\left(a+\frac{2}{a}\right)$$

如此简明，真精彩。

堪称数学的一颗宝石！

如果a 是$\sqrt{2}$一个正的近似值，在$\sqrt{2}$的一侧，$\frac{2}{a}$就必定在$\sqrt{2}$的另一侧，要证明这一点很困难吗？

很简单，我证明给你看。而你可以直接用数值来验算。

一言为定。

如果 $a<\sqrt{2}$，两边同乘以$\sqrt{2}$，得到$\sqrt{2}a<2$。用 a 除这个不等式的两边，因为 a 是正的，不等号方向不变。我们得到

$$a<\sqrt{2}\Rightarrow\sqrt{2}<\frac{2}{a}$$

掉转不等号方向，完全相同的推理给出

$$a>\sqrt{2}\Rightarrow\frac{2}{a}<\sqrt{2}$$

这样，无论近似值 a 在$\sqrt{2}$的哪一侧，$\frac{2}{a}$一定在另一侧。

当知道了怎样做，就感到很简单！至于我的数值的例子，我取 a 为主数列中的分数$\frac{7}{5}$。

我们知道它小于$\sqrt{2}$。所以应该有

$$\frac{7}{5}<\sqrt{2}\Rightarrow\frac{2}{\frac{7}{5}}=\frac{10}{7}>\sqrt{2}$$

让我来检查这个结果

$$\frac{100}{49}=\frac{98+2}{49}=2+\frac{2}{49}\Rightarrow\frac{100}{49}>2\Rightarrow\frac{10}{7}>\sqrt{2}$$

断言正确。

在这种情形

$$\frac{1}{2}\left(a+\frac{2}{a}\right)=\frac{1}{2}\left(\frac{7}{5}+\frac{10}{7}\right)=\frac{99}{70}$$

这是主数列中的另一个分数。还要就 $a>\sqrt{2}$ 举数值的例子吗？

不需要了。现在让我们回到谈论这段历史之前的地方吧。

4.8 海伦(Heron)数列

我有几个问题,是关于希罗规则和由这个规则所生成的数列

$$\frac{1}{1}, \frac{3}{2}, \frac{17}{12}, \frac{577}{408}, \cdots$$

一些历史文献称希罗为海伦,所以我们可以称这个数列为海伦数列。

把这个数列写下来并保存着,以便我们讨论之用。

或者,如果我们愿意,我们可以说以 1 为种子的海伦数列。

因为对不同的种子实施海伦方法将生成不同的海伦数列吗?

至少它的首项不同。但我们只称以 1 为种子的数列为海伦数列,如果我们需要讨论由同样规则生成的其他数列,我们将对它的种子加以说明。

于是当我们说海伦数列,我们指的就是种子为$\frac{1}{1}$的情形吗?

我想,为了简明地陈述我们的任务,我们作这样一个小小的规定。现在你有什么问题?

首先我想知道,在海伦数列中$\frac{577}{408}$后面的一项是否基本数列中的第十六项,再后面的一项是否第三十二项,并按这样的规律继续下去?

相继出现的每一项在基本数列中的位置数两倍于它的前一项。一个很好的问题。我注意到,你现在把我们的原始数列或主数列称作基本数列。

我是这样说了,不行吗?如果我没有记错,你早就用这个词了。

我确实用这个词了;这个词很说明问题,因为在与$\sqrt{2}$的联系中,这个数列是基本的。

我还想知道在海伦数列中,首项后面所有的分数是否都大于$\sqrt{2}$。

是什么使你这样想?

因为除了种子小于$\sqrt{2}$,我们算得的另外三个分数在基本数列中都处在偶数位置上。

所以就属于它的所谓上子列。上子列包含基本数列中每个序号为偶

数的分数,每一项都是$\sqrt{2}$的过剩近似值。

如果我的第一个猜想正确,那么第二个猜想就不言而喻了。

看上去好像是这样,2,4,8,16,32, … 都是偶数。但你能确定海伦数列是主数列的一个子列吗?

这倒是个问题。我没有想过。难道不是这样吗?

证据是什么——很少的几项吗?律师会这样对你说。

哦,真苦恼!为什么总要自找麻烦?

我确信你能想出办法。

这一次不行。海伦规则看上去完全不同于我们的基本规则,我肯定需要帮助。

如何才能判断一个分数是否在主数列中?

好好回忆。我想起来了。我们证明过,如果一个分数分子的平方减去分母平方的两倍等于1或-1,那么它就是基本数列的一项。

是的,我们证明了这一点,那是我们一次艰苦的探索。现在如何呢?

我真高兴在以往的工作中我们获得这个结果,我能看出现在它是必不可少的。

为什么?

如果我能说明海伦数列中的分数具有这个性质,我就能让律师信服,这些分数来自基本数列。

你就能赢得这场诉讼。

无论怎么说,这是特殊的情况。我该怎么说明海伦分数是基本分数呢?

基本分数——又一个很好的命名。你可以通过讨论海伦数列的典型分数来说明。

因为这是一个新的调查,我应该用一对新的字母来表示这个典型分数的分子与分母。

在每一个新的情境使用新的字母并非绝对的。你可以用你喜欢的任何字母,只要你明白它们代表什么。

现在我回到$\dfrac{m}{n}$。

只要记住它是海伦数列的典型元素，希罗规则将应用于它。

我会记住的。首先我必须用$\dfrac{m}{n}$代替

$$\frac{1}{2}\left(a+\frac{2}{a}\right)$$

中的a，对吗？

由此切入，很好。

现在让我看看我能不能用代数方法把这个问题处理停当。我得到

$$\frac{1}{2}\left(\frac{m}{n}+\frac{2}{\frac{m}{n}}\right)=\frac{1}{2}\left(\frac{m}{n}+\frac{2n}{m}\right)$$

$$=\frac{1}{2}\left(\frac{m^2+2n^2}{nm}\right)$$

$$=\frac{m^2+2n^2}{2mn}$$

处理得很好。

与我们过去的规则大不相同。

明显不同。不同的规则针对不同类型的数列。

所以，不断地产生海伦数列项的规则是

$$\frac{m}{n}\rightarrow\frac{m^2+2n^2}{2mn}$$

它看上去不像从种子$\dfrac{1}{1}$生成基本数列的规则

$$\frac{m}{n}\rightarrow\frac{m+2n}{m+n}$$

那么简单。

我同意。它说，$\boldsymbol{\dfrac{m}{n}}$后面那个分数的分子是$\boldsymbol{m^2+2n^2}$，分母是$\boldsymbol{2mn}$。它包含了$\boldsymbol{m}$和$\boldsymbol{n}$的平方，还有$\boldsymbol{m}$与$\boldsymbol{n}$的乘积，而此前的规则只包含加法和简单的乘以2。

听你这么说,这是一个复杂的规则。

无论如何,你是希望说明对种子$\frac{1}{1}$施行这个规则,将生成原始数列的一个子列。

是的,这就是我当前的任务。

这个子列不断地提供$\sqrt{2}$的近似值,它们逼近$\sqrt{2}$的速度比根据简单规则生成的主数列的项要快得多。逼近更快的原因在于规则包含更多的要求,但海伦规则使用起来并不困难。现在你可以把规则用于$\frac{m}{n}=\frac{1}{1}$,看是否给出分数$\frac{3}{2}$。

好。令 $m=1,n=1$,于是有 $m^2=1,2n^2=2(1)=2$。这样 $m^2+2n^2=1+2=3$。

符合要求。

新的分母是 $2mn=2(1)(1)=2$,也是正确的。这样

$$\frac{1}{1}\to\frac{3}{2}$$

规则生成$\frac{3}{2}$。

现在请你证明海伦数列是基本数列的一个子列。

如果这个新数列是原始数列的子列,那么它分子的平方减去分母平方的两倍必定是 -1 或者 1。

这是关键。说明了这一点,你的工作就完成了,因为在这种情形,也只有在这种情形,一个分数才是基本数列的元素。

但愿能顺利。我先算出分子的平方。现在

$$(m^2+2n^2)^2=m^4+4m^2n^2+4n^4①$$

①
$$\begin{array}{l} m\ +2n \\ m\ +2n \\ \hline m^2+2mn \\ \quad\ +2mn+4n^2 \\ \hline m^2+4mn+4n^2 \end{array}$$
——原注

我没有算错吧。

没有问题。

现在我应该再算出分母平方的两倍。它由下式给出

$$2(2mn)^2=2(4m^2n^2)=8m^2n^2$$

现在从前一个数值减去这个数值,求分子平方与分母平方两倍的差。

当然——这是下一步。

我们得到

$$(m^4+4m^2n^2+4n^4)-8m^2n^2=m^4-4m^2n^2+4n^4$$

这个结果不像我所希望的那么简单。

它有点复杂,不是一目了然。

你这样说,我很高兴。

但你能不能指出 $m^4-4m^2n^2+4n^4$ 的另一种写法?

你是问我能不能把它因式分解?我竭尽所能,还是无法把它写成含 m 与 n 的式子的乘积。在因式分解方面我不行。

好,

$$m^4-4m^2n^2+4n^4=(m^2-2n^2)^2$$

你会发现,这是很有用的。

让我想一想怎样用它,$(m^2-2n^2)^2$ 是 m^2-2n^2 的平方吧?

对。这不就说明新的差 $m^4-4m^2n^2+4n^4$ 正好是老的差 m^2-2n^2 的平方吗?现在可以完成这个证明了。

老的差始终是 -1 或 1。这就意味着新的差必定是 1,问题解决了!

解决了。事实上,因为种子是 $\frac{1}{1}$,所以这里至多只有一个差是 -1。

因为 $(-1)^2=1$,所以对其他分数而言,这个差必定是 1。

正确。

这样我们实际上已经证明了两件事,尽管开头我们只尝试证明一件。

请详细说明。

好，除了证明海伦数列是主数列的一个子列以外，我们现在还知道为什么除第一项之外，海伦数列所有的项都是过剩近似值。

为什么？

因为它们都有符号差1，我们曾说过，这是判断一个分数是过剩近似值的最好方法。

解释得很好。

一旦找到途径，能用简单的方法证明某一件事，真是令人兴奋。

确实令人兴奋。理解一件先前觉得神秘的事情，那种感觉十分美好。

4.9 速度与加速度

我还有个问题，就是海伦规则用怎样的速度沿着从$\frac{1}{1}$开始的基本数列“行进”。

$$\frac{m}{n} \to \frac{m^2+2n^2}{2mn}$$

它是在跳跃，从第一项到第二项，然后到第四项，再到第八项，并这样跳下去，每次跳跃都是前一次的双倍距离。

的确如此。

这与先前步幅不变、从一项到一项匀速漫步的跨一级规则

$$\frac{\boldsymbol{m}}{\boldsymbol{n}} \to \frac{\boldsymbol{m}+2\boldsymbol{n}}{\boldsymbol{m}+\boldsymbol{n}}$$

形成鲜明对照。海伦规则加速前进，而跨一级规则匀速缓行。

由此看来它真是一个好方法。

我们用从一个时刻到下一个时刻来描述这种情形。用这样的语言来看待规则

$$\frac{\boldsymbol{m}}{\boldsymbol{n}} \to \frac{3\boldsymbol{m}+42\boldsymbol{n}}{2\boldsymbol{m}+3\boldsymbol{n}}$$

——这是加速运动还是匀速行进?

我们不久前讨论了这个规则。从种子$\frac{1}{1}$开始，它一步跨两级地经越基本数列。

是的，如果从种子$\frac{1}{1}$开始，它就挑选所有序号为奇数的不足近似值，避开所有序号为偶数的过剩近似值。

如果从$\frac{3}{2}$开始，情形就正相反。

不错。跨两级规则可以说是另一位“漫步者”，它具有跨一级规则的两倍速度。

的确是这样。

如我们以前所说，如果出于某些原因我们希望生成整个上子列或下子列，那么跨两级规则是很好的工具。

我猜想一定有这样的规则，它允许我们一步跨三级，或者一步跨四级，甚至一步跨越更多级地经越基本数列。

有的。后面我们将对它们作一点讨论。当然，它们都是匀速的规则。

请不要介意，我打算运用海伦规则求海伦数列中$\frac{577}{408}$后面一个分数。

如果你一定要做，那么你就做吧。

当 $m=577$，$n=408$，逼近公式给出

$$\frac{m^2+2n^2}{2mn}=\frac{577^2+2(408)^2}{2(577)(408)}=\frac{665\ 857}{470\ 832}$$

而

$$\mathbf{(665\ 857)^2-2(470\ 832)^2=443\ 365\ 544\ 449-443\ 365\ 544\ 448=1}$$

我知道会有这样的情形。

而你还要检查，是吗？

是的。我承认，有什么不妥吗？

这是相当普遍的现象：无论多么相信定理，仍然想用具体的数来验证。

顺便问一句，这最后一个分数是不是基本数列中第十六个元素？

是的。我们真正应该花时间研究的，远远不止刚才基本数列中的前八项。说到这里，让我把你最近的成果添加到海伦数列已经列出的几项中，得到

$$\mathbf{\frac{1}{1},\frac{3}{2},\frac{17}{12},\frac{577}{408},\frac{665\ 857}{470\ 832},\cdots}$$

又更新了这个数列。

最后一个分数的分子和分母都有六个数字。

很好的一项。

有趣的是这些分数看上去没有任何共同之处，而我们又知道，在数直线上它们几乎紧挨在一起。

是的，特别是后面几个。

4.10 预演

我知道你准备在未来的某个时候推导$\sqrt{2}$小数展开式的很多数字，但我们能不能先花一点时间来估计分数$\frac{665\ 857}{470\ 832}$的小数展开式

$$\frac{665\ 857}{470\ 832}=1.4142135623746899106\cdots$$

中有多少数字与$\sqrt{2}$小数展开式中最初的数字相符合。

不妨试一试。你打算怎么做？

我想先求得基本数列中按跨一级规则$\frac{665\ 857}{470\ 832}$后面的那个分数，然后求两个分数的小数展开式。两者最初的那些公共的数字就是$\sqrt{2}$小数展开式中最初的数字。

简单而有效的方法。我们用计算器求这些小数展开式，这不是欺骗，因为如果需要，我们能手算求得它们。

我们这样做不违反我们的"荒凉海岛－自己动手"的行为准则吧？

不违反。$\frac{665\ 857}{470\ 832}$后面一个分数是多少？

它是

$$\frac{665\ 857+2(470\ 832)}{665\ 857+470\ 832}=\frac{1\ 607\ 521}{1\ 136\ 689}$$

很好。现在如何呢？

好，因为海伦分数是一个过剩近似值，而这个分数是一个不足近似值，所以

$$\frac{1\ 607\ 521}{1\ 136\ 689}<\sqrt{2}<\frac{665\ 857}{470\ 832}$$

现在我要计算这两个分数的小数展开式，保留适当的小数位，譬如说二十位。

这就足够了。

我们得到

$$1.414213562372821413 77\cdots<\sqrt{2}<1.414213562374689910 63\cdots$$

这说明

$$\sqrt{2}=1.41421356237\cdots$$

精确到十一位小数。

是的，而这仅仅是海伦数列第五项和它在基本数列中的后一项所提供的。

4.11 总是过剩近似值

如果我们选择任意一个分数作为$\sqrt{2}$的初始近似值，那么由海伦规则引出的第二个分数一定是过剩近似值吗？

你为什么这样想？

是这样，我对自己的“跳跃的猜想”做了一些试验——你知道我关于海伦数列的想法：1，2，4，8，16，…

确切地说你做了些什么？

我尝试把海伦规则应用于种子$\frac{3}{2}$，后来发现这有点蠢，因为尽管种子不是$\frac{1}{1}$，它仍然生成海伦数列。这样我又尝试以$\frac{7}{5}$为种子，得到数列

$$\frac{7}{5},\frac{99}{70},\frac{19\,601}{13\,860},\frac{768\,398\,401}{543\,339\,720},\cdots$$

我是用计算器求得它们的。

很好。

这些分数在基本数列中的位置是3，6，12和24。正如你能看到的，它们满足倍增模式。于是我想，这是否海伦规则的一个特点，与我们从序号为奇数或偶数的位置开始无关，因为一旦倍增，就永远在偶数位置上。而偶数位置上所有的分数都是过剩近似值。

我同意，特别是你从基本数列中任意取一个种子，这很好。但如果你取另外的种子，情况将如何呢？

我担心我会遗漏细节。处理细节必须考虑很多东西。

你认为事实上是怎样的情形？

这说得清楚吗？

一旦说清楚了，接下去的工作就很容易，但推理过程很“狡猾”，用这词来形容一个证明时，就是一句赞美的话。

那么我应该了解它。

这个产生于实践的证明是这样的：假定你想证明的结论为真，检查这个假设的蕴涵，直到得到——如果你走运的话——某个自明的事实。然后尝试从这个显然的事实往回推导，如果你仍然幸运，你能成功地倒用所有的蕴涵关系达到你当初所猜测的结论。

我没有完全听懂，只领略了梗概。你有时间详细叙述吗？

当然。我们猜测，如果 a 是$\sqrt{2}$的一个正的近似值，那么无论 a 取什么值，总有

$$\frac{1}{2}\left(a+\frac{2}{a}\right)>\sqrt{2}$$

是这样吗？

我想是的。

因为 a 是正的，所以这个不等式两边的项都是正的。这样当我们两边平方的时候，就相当于"赶走$\sqrt{2}$"，而不等号保持原来的方向。

这一点你早就对我说明了。

做这个工作，并整理所得到的不等式，就有

$$a^2+4+\frac{4}{a^2}>8$$

你有空的时候可以检查它。

我想我已经能看出它是正确的。

好。我们从 4 中减去 8 并在不等式两边同时乘以 a^2，因为 a^2 是正数，不等号方向不变，于是我们就得到 $a^4-4a^2+4>0$。我们把

$$a^4-4a^2+4>0 \text{ 写作} (a^2-2)^2>0$$

这是很聪明的一步。

我将在后面检查所有步骤。现在我们已经得到显然正确的东西了吗？

是的。因为 a 只是$\sqrt{2}$的一个近似值，它不等于$\sqrt{2}$。这样$a^2\neq 2$因而 $a^2-2\neq 0$。

我能理解。

一个非零的量平方后将如何？

总是正的。

是的，无论这个量是正还是负，它的平方总是正的。这样$(a^2-2)^2>0$。我们将由这个事实出发开始我们的证明。

你打算一步步倒推回去？

如果回得去的话。我这就陈述整个推理过程。你准备好了吗？

我时刻准备着。

如果$a>0$是$\sqrt{2}$的一个近似值，那么

$$(a^2-2)^2>0 \Rightarrow a^4-4a^2+4>0$$

$$\Rightarrow a^2-4+\frac{4}{a^2}>0 \quad (\text{因为 } a^2>0)$$

$$\Rightarrow a^2+4+\frac{4}{a^2}>8$$

$$\Rightarrow \left(a+\frac{2}{a}\right)^2>8$$

$$\Rightarrow a+\frac{2}{a}>2\sqrt{2} \quad (\text{正的平方根})$$

$$\Rightarrow \frac{1}{2}\left(a+\frac{2}{a}\right)>\sqrt{2}$$

说明

$$\frac{1}{2}\left(a+\frac{2}{a}\right)$$

总是大于$\sqrt{2}$。

一定要经过多年的操练才能具有这样的机智。

这的确需要时间。

第二个近似值以及后面所有的近似值总是大于$\sqrt{2}$，这不是很令人惊讶吗？

不同于运用第一个规则的情形，那时所得到的第二个近似值总在1与2之间。

4.12 下到不足近似值

如果海伦方法总是给出$\sqrt{2}$的过剩近似值,至多只有第一个近似值例外,这是否意味着无法运用规则导出一个加速的不足近似值的数列?这将是令人遗憾的。

它也能导出加速的不足近似值的数列。

既然如此,我们应该能够解决这个问题,但我不知道从何入手。

你不久前运用的一个想法就能解决这个问题。

我运用过?

你运用过。这其实是一个技术问题,关键在于把理论用到实践中。就像一个工程师那样考虑,寻找联系不同机械的链条。

什么链条?我不明白。

好,我们知道如何运用海伦规则产生过剩近似值,我们也知道如何回头或向前移动一级而得到一个不足近似值。

当然知道。我曾把这个想法用于海伦数列的第五个分数,得到$\sqrt{2}$的一个小数近似值。因此,如果找不到其他途径,我们只能用计算机按海伦方法打印出过剩近似值,再手算求得不足近似值。不过这只是说笑罢了!

这当然不是合理的方法。我们需要寻找一个机制,它生成一个过剩近似值,并紧接着求得它的后继者。

这是很代数化的操作。

是的,但并不复杂。这个想法通过抽象地考虑分数$\boldsymbol{\frac{m}{n}}$而解决问题。

首先,海伦规则说

$$\frac{m}{n} \to \frac{m^2+2n^2}{2mn}$$

是的,而我们知道$\boldsymbol{\frac{m^2+2n^2}{2mn}}$是一个过剩近似值。所以现在你该做什么?

跨一级下到不足近似值。

怎样跨?

回头跨一级或者向前跨一级。

向前跨可能比较容易。向前跨一级下到不足近似值。

怎么跨呢?

在基本数列中我们是如何获得下一个分数的?只要想一想你给出的规则,并把它应用于这个分数。

规则说,新分母等于老分子加上老分母。

在现在的上下文中把它翻译为符号语言。

新分母是$(m^2+2n^2)+2mn$。

对,或者 $m^2+2mn+2n^2$,通常按字典序写成这样的形式。新分子呢?

新分子是老分子加上老分母的两倍。可以翻译为$(m^2+2n^2)+2(2mn)$。

化简为 $m^2+2mn+2n^2$。

我们所寻求的机制就是把分数$\frac{m}{n}$变成这个新分数的规则吗?

正是。写下它,然后检查它,看它怎么变戏法。

我这就动手。如果我们的工作没有错,"下去"规则就是

$$\frac{m}{n}\to\frac{m^2+4mn+2n^2}{m^2+2mn+2n^2}$$

尝试对种子$\frac{1}{1}$运用规则,生成一个不断迅速改善的不足近似值数列。

我们得到

$$1,\ \frac{7}{5},\ \frac{239}{169},\ \frac{275\,807}{195\,025},\ \frac{367\,296\,043\,199}{259\,717\,522\,849},\ \cdots$$

在基本数列中,前四个分数是第一、三、七、十五项,我相信最后一个是第三十一项。

这些项的序号是我们所期望的吗?

我想是的。对种子$\frac{1}{1}$运用海伦规则得到第二项，向前跨一步，到达2+1=3。然后倍增，我们就到达位置6，再前进1，给出主数列的第七项。

于是2×7+1=15，又2×15+1=31，并且按这样的模式类推。

因为这些位置的序号都是奇数，所以它们都是不足近似值。

很高兴。事实上，我想说，这是很了不起的成功。

看到理论帮助我们解决问题，真令人高兴。

掌握理论能推动实践。

4.13 不同的种子，相同的品种

我忘了告诉你，当我对种子$\frac{2}{1}$测试规则

$$\frac{m}{n} \to \frac{m^2 + 2n^2}{2mn}$$

的时候发生了什么。

你相当于从第二个位置也就是分数$\frac{3}{2}$进入了海伦数列。

是的，你当然知道。但我很惊讶。我从未料想不同的种子能产生相同的后代。在其他情况也会如此吗？

你是问能不能用不同的种子在不同的点进入海伦数列，譬如说从第三个或第四个位置或任何其他位置开始生成数列？

就是这么回事。

是的。如果你应用海伦规则于分数$\frac{2n}{m}$，你也会得到……为什么你不算出来看看，这样你就原原本本地调查了每件事。

但我至今没有调查海伦规则倍增现象的任何经验。

看来我们戏法的最后一个节目将要讨论这个紧要的问题。

4.14 都在家族中

你是否打算开发一个规则，它能比海伦数列更快地给出$\sqrt{2}$的近似值？

是的。我们通过平稳增加对加速器的压力而增大步幅。

你不能把油门踩到底吗？

过一会儿你自己就能回答这个问题。

我们要寻找一种快速行动吗？海伦数列给了我深刻印象，我希望有大进展。

你不要期望太多。否则你可能失望。

我相信我不会。

如果$\frac{m}{n}$和$\frac{p}{q}$是基本数列

$$\frac{1}{1},\ \frac{3}{2},\ \frac{7}{5},\ \frac{17}{12},\ \frac{41}{29},\ \frac{99}{70},\ \frac{239}{169},\ \frac{577}{408},\ \cdots$$

中任意两个分数，那么我们知道

$$m^2-2n^2=\pm 1 \text{ 和 } p^2-2q^2=\pm 1$$

像通常那样，这里 ±1 意为 1 或 −1。

现在$\frac{m}{n}$和$\frac{p}{q}$各自表示数列的一个典型分数。

是的。我们将看见它们一起翩翩起舞。

这就是你刚才提到的戏法吧。

我希望你这样理解。戏法的第一部分是用$p^2-2q^2=\pm 1$乘$m^2-2n^2=\pm 1$，得到

$$(m^2-2n^2)(p^2-2q^2)=\pm 1$$

你能不能解释为什么等式右边得到 ±1？

让我看一看。每个 ±1 都表示 1 或 −1，当它们相乘的时候，结果必然是 1 或 −1。

回答正确。现在我们要用些奇妙的方法来发掘这个等式的内涵。

真是有趣！

我们旨在得到乐趣。我们现在要做的，是运用$\sqrt{2}$的定义即$\sqrt{2}\times\sqrt{2}=2$，把下面的乘积变形

$$(m^2-2n^2)(p^2-2q^2)$$

通常把它写作另一种形式，对吗？

根据现在的需要，我倒过来写它。由$2=\sqrt{2}\times\sqrt{2}=(\sqrt{2})^2$，

$$m^2-2n^2=m^2-(\sqrt{2}n)^2=(m-\sqrt{2}n)(m+\sqrt{2}n)$$

等号右边是左边m^2-2n^2的因式分解。这是我们第一次使用这个策略。

在学校里我从未能顺利进行因式分解。

不要担心，工作已经完成。空闲时你可以把右边两项相乘，验证它等于左边。①

我想我能处理乘法，所以对做乘法不感兴趣。

注意哪里用到了$\sqrt{2}$的定义。

我会注意的。

类似地，$p^2-2q^2=(p-\sqrt{2}q)(p+\sqrt{2}q)$。这些都是为后面更精彩的工作做准备。

我们要做一些困难的工作吗？

是的，不过慢慢来——为获得结果，多花些力气是值得的。首先

$$\begin{aligned}(m^2-2n^2)(p^2-2q^2)&=[(m-\sqrt{2}n)(m+\sqrt{2}n)][(p-\sqrt{2}q)(p+\sqrt{2}q)]\\&=[(m-\sqrt{2}n)(p-\sqrt{2}q)][(m+\sqrt{2}n)(p+\sqrt{2}q)]\end{aligned}$$

在第二行里，中间用减号连接的两个表达式配对放在一个方括号中，中间用加号连接的两个表达式配对放在另一个方括号中。

---

① $$\begin{array}{l}\quad m-\sqrt{2}n\\ \underline{\quad m+\sqrt{2}n\qquad\qquad}\\ m^2-\sqrt{2}mn\\ \underline{\qquad+\sqrt{2}mn-4n^2}\\ m^2+\quad 0\quad -4n^2\end{array}$$ ——原注

我想，你这样做一定有什么道理。

我希望看上去更清晰。运用乘法，第一个括号化简为$(mp+2nq)-\sqrt{2}(mq+np)$，第二个括号化简为$(mp+2nq)+\sqrt{2}(mq+np)$。

我能理解。

这两个式子仅仅中间的符号相反。你一定能看懂下面的运算

$$[(mp+2nq)-\sqrt{2}(mq+np)][(mp+2nq)+\sqrt{2}(mq+np)]$$
$$=(mp+2nq)^2-2(mq+np)^2$$

这个计算具有$(a-\sqrt{2}b)(a+\sqrt{2}b)=a^2-2b^2$的形式。

这里 $a=mp+2nq$ 而 $b=mq+np$，是吗？

是的。

哦！在我看来，这些式子太复杂了。

我知道，这是因为令人厌烦的字母。但它们只是脚手架，现在就拆除它，得到恒等式

$$(m^2-2n^2)(p^2-2q^2)=(mp+2nq)^2-2(mq+np)^2$$

这个式子对p和q，m和n的一切值都成立，无论它们从何而来。

我恐怕一时记不了这么多东西。

我明白，你可能会感觉头晕。当你还不知道这次神秘探索的目的地，确实很难记住我称之为恒等式的这些关系。所以，只要你认同刚才的结果并注意如何运用这些结果，我就非常高兴。

好，总算我还能看懂左边两项相乘得到右边的式子，这是你的目标。

你能看出右边的式子与左边的每一个因式有完全相同的形式吗？

它们都是某一样东西的平方减去另一样东西平方的两倍。

是的。现在回到我们的数列。正如我们说过的，如果$\frac{m}{n}$和$\frac{p}{q}$是数列

$$\frac{1}{1},\frac{3}{2},\frac{7}{5},\frac{17}{12},\frac{41}{29},\frac{99}{70},\frac{239}{169},\frac{577}{408},\cdots$$

中任意两个分数，那么

$$(m^2-2n^2)(p^2-2q^2)=\pm 1$$

根据我们新获得的恒等式，推得

$$(mp+2nq)^2-2(mq+np)^2=\pm 1$$

这个式子告诉我们什么？

告诉我们分数

$$\frac{mp+2nq}{mq+np}$$

也是数列的元素。

的确如此；你的观察力很敏锐。但请你解释这是为什么。

因为我们证明了，如果一个分数分子的平方减去分母平方的两倍等于 1 或 −1，那么它就是基本数列中的项。我们不止一次使用这个结果。

对。这很重要。一个分数具有这个性质就是一个基本分数。现在让我们来理一理我们至此已经获得的结果。

这是否意味着$\frac{m}{n}$和$\frac{p}{q}$愉快的舞蹈结束了？

行将结束。当你回顾我们刚才的工作，你就会发现两个基本分数$\frac{m}{n}$和$\frac{p}{q}$可以组合起来而导出另一个分数，就是

$$\frac{mp+2nq}{mq+np}$$

它也在基本数列中。

这很有趣，是另一种类型的规则。

你可以通过检查一些例子来习惯这个新规则。

我从第一和第二项开始

$$\frac{m}{n}=\frac{1}{1}\text{和}\frac{p}{q}=\frac{3}{2}$$

取 $m=1$，$n=1$，$p=3$ 和 $q=2$，计算

$$\frac{mp+2nq}{mq+np}=\frac{(1\times 3)+2(1\times 2)}{(1\times 2)+(1\times 3)}=\frac{7}{5}$$

这是数列的下一项，也就是第三项。第一项和第二项组合起来给出

第三项。正好有 1 +2 =3。

为什么你不再试一试,这一次

$$\frac{m}{n}=\frac{3}{2}\text{而}\frac{p}{q}=\frac{7}{5}$$

所以你可以取 $m=3,n=2,p=7$ 和 $q=5$。

第二项和第三项组合起来,我们得到

$$\frac{mp+2nq}{mq+np}=\frac{(3\times7)+2(2\times5)}{(3\times5)+(2\times7)}=\frac{41}{29}$$

我们跳过了$\frac{17}{12}$到达$\frac{41}{29}$,这是数列中的第五项。嗨,2 +3 =5。

现在尝试组合目前所生成的两个最大的分数,也就是

$$\frac{m}{n}=\frac{7}{5}\text{和}\frac{p}{q}=\frac{41}{29}$$

取 $m=7,n=5,p=41$ 和 $q=29$。

这会很有趣。我们得到

$$\frac{mp+2nq}{mq+np}=\frac{(7\times41)+2(5\times29)}{(7\times29)+(5\times41)}=\frac{577}{408}$$

看这个结果!我们跳过了$\frac{41}{29}$之后两个分数$\frac{99}{70}$和$\frac{239}{169}$,到达数列中的第八项$\frac{577}{408}$。我们不仅加快了速度,而且在项的位置上恰好有 3 +5 =8。这意味着什么?

看来,当我们组合 a 和 b 两个位置的分数,规则就生成 $a+b$ 位置上的分数。

你可以继续关注这个问题。你是否体会到,刚才你不是使用数,而是使用符号叙述了你关于位置的猜想。

我已受到感染!如果我能证明这个位置猜想,那么我相信,它将回答我的“倍增猜想”。

就是对海伦分数在基本数列中位置的一个猜想。

正是它,它一直困扰着我。

我们尚未起步,而你已经在作新的猜想,先看看前一个猜想的证

明吧。

我们超越讨论的范围了吗?

与问题相称。调查时要保持平稳的步伐可能有困难。探索的新方法似乎到处出现,抓住一个远离起点的。返回那里,你可以说,我们新发现的组合规则保持运算结果仍在家族中。

你是指在基本数列的无限家族中吗?

是的。$\frac{m}{n}$和$\frac{p}{q}$神奇的数学舞蹈引出一个有趣的新规则,它们一定能因此而获奖。

十拿十稳。

4.15 运用星号

我知道基本数列中每个分数只出现一次，但如果我对同一个分数运用组合规则，就像对$\frac{m}{n}$和$\frac{p}{q}$那样，将会发生什么？

你考虑很周到！为什么不用两个相等的分数试一试呢？

好。我用最小的分数$\frac{1}{1}$来做这个试验，当 $m=p=1, n=q=1$，我们得到

$$\frac{mp+2nq}{mq+np}=\frac{(1\times 1)+2(1\times 1)}{(1\times 1)+(1\times 1)}=\frac{3}{2}$$

——数列的第二项。

如果你尝试 $m=p=3, n=q=2$，你就得到

$$\frac{mp+2nq}{mq+np}=\frac{(3\times 3)+2(2\times 2)}{(3\times 2)+(2\times 3)}=\frac{17}{12}$$

——数列中的第四个分数。

我认为在你的推导过程中并不排除$\frac{m}{n}$和$\frac{p}{q}$相等。

不排除；结论仍然成立。你已经回答了自己的问题。我们可以把基本数列中的一个分数与它自己组合，同样得到这个数列中的另一个分数。

这倒不坏。

我们明确规定，$\frac{m}{n}$和$\frac{p}{q}$组合导出分数$\frac{mp+2nq}{mq+np}$这个事实可以写成组合规则

$$\frac{m}{n}*\frac{p}{q}=\frac{mp+2nq}{mq+np}$$

这里星号 * 表示运算，它按规定的方式导出第三个分数。

第一次看见它总觉得有点不习惯。

但这个运算并不比两个分数的加法更困难。[①]

① $\frac{a}{b}+\frac{c}{d}=\frac{ad+cb}{bd}$ ——原注

既然你这么说，我相信不很困难。

我们刚才所做的工作可以用这种标注写成

$$\frac{1}{1} * \frac{1}{1} = \frac{3}{2}$$

以及

$$\frac{3}{2} * \frac{3}{2} = \frac{17}{12}$$

看上去很特别。

你会习惯的。如果我们用$\frac{1}{1} * \frac{1}{1}$代替第二个等式中的$\frac{3}{2}$，可以把第二个等式改写为

$$\left(\frac{1}{1} * \frac{1}{1}\right) * \left(\frac{1}{1} * \frac{1}{1}\right) = \frac{17}{12}$$

现在这里有四个$\frac{1}{1}$？

是的。去括号，就得到

$$\frac{1}{1} * \frac{1}{1} * \frac{1}{1} * \frac{1}{1} = \frac{17}{12}$$

——这是基本数列中的第四个**分数，是种子分数$\frac{1}{1}$**四次**拷贝的星组合。**

我有一个意外的收获，因为从这里我发现了如何证明你所说的位置猜想。

那就证证看。

用这个新的星运算的语言，看来基本数列可以写成

$$\frac{1}{1}, \frac{1}{1} * \frac{1}{1}, \frac{1}{1} * \frac{1}{1} * \frac{1}{1}, \frac{1}{1} * \frac{1}{1} * \frac{1}{1} * \frac{1}{1}, \cdots$$

当我们说明了

$$\frac{1}{1} * \frac{3}{2} = \frac{7}{5}$$

我们就得到第三项，这是很方便的。

我们只是说明了

$$\frac{1}{1} * \left(\frac{1}{1} * \frac{1}{1}\right) = \frac{7}{5}$$

你怎么知道我们可以去括号而得到相同的结果?

但我们刚才就是这样做的,你并没有反对。不能这样做吗?

可以这样做,但任何隐含的假设都需要考虑并澄清。

我不知道我是否有什么疏忽。

说得好,审慎是任何调查者的一个基本特征,即使有时显得过分繁琐。

我能不能继续我的推理,不过这可能很不严格。

当然可以,这是合理的。

那么,我相信第五个基本分数具有五个$\frac{1}{1}$,四个星号,并且以后各项依此类推。不知道你能不能领会我的意思。

我能,你已经知道你的陈述对前四个分数都真。你如何对第五项证明它呢?

我用两个括号括住前四个$\frac{1}{1}$,这里有三个星号,然后用$\frac{17}{12}$代换整个式子。我再计算

$$\frac{17}{12} * \frac{1}{1} = \frac{(17 \times 1) + 2(12 \times 1)}{(17 \times 1) + (12 \times 1)} = \frac{41}{29}$$

这就是我希望得到的结果。

现在对一般分数$\frac{m}{n}$做这个工作,看你能不能得到下一个分数。

我试试,但你必须帮我作些说明。

好。

但我不知道一般分数$\frac{m}{n}$的表达式中有多少个$\frac{1}{1}$。

你无须知道。只需要说明下一个分数中多一个$*\frac{1}{1}$。

对。根据组合规则,

$$\frac{m}{n}*\frac{1}{1}=\frac{(m\times1)+2(n\times1)}{(m\times1)+(n\times1)}=\frac{m+2n}{m+n}$$

这是基本数列中$\frac{m}{n}$后面一个分数的表达式。

是的。你已经接近成功了。当等号左边的$\frac{m}{n}$被写成以星号连接若干个$\frac{1}{1}$的形式,新分数看上去就多了一个$*\frac{1}{1}$。因此我们可以有把握地说,基本数列的每个分数都可以写成以下形式

$$\frac{1}{1}*\frac{1}{1}*\cdots*\frac{1}{1}*\frac{1}{1}$$

其中$\frac{1}{1}$的个数就是分数在基本数列中的位置数。

这对我是巨大的帮助。现在我们可以说,如果在基本数列中,分数$\frac{m}{n}$在位置a,分数$\frac{p}{q}$在位置b,那么$\frac{mp+2nq}{mq+np}$就在位置$a+b$。

是的,因为$\frac{m}{n}$在位置a,于是

$$\frac{m}{n}=\underbrace{\frac{1}{1}*\frac{1}{1}*\cdots*\frac{1}{1}*\frac{1}{1}}_{(a-1)\text{个}*}$$

表达式里星号的个数比$\frac{1}{1}$的个数少1。

这就是我不会处理的事情——用记号说明问题。

需要花一点时间练习才能掌握。同样地,因为$\frac{p}{q}$在位置b,所以

$$\frac{p}{q}=\underbrace{\frac{1}{1}*\frac{1}{1}*\cdots*\frac{1}{1}*\frac{1}{1}}_{(b-1)\text{个}*}$$

于是

$$\begin{aligned}\frac{mp+2nq}{mq+np}&=\frac{m}{n}*\frac{p}{q}\\&=(\underbrace{\frac{1}{1}*\frac{1}{1}*\cdots*\frac{1}{1}*\frac{1}{1}}_{(a-1)\text{个}*})*(\underbrace{\frac{1}{1}*\frac{1}{1}*\cdots*\frac{1}{1}*\frac{1}{1}}_{(b-1)\text{个}*})\end{aligned}$$

$$\Rightarrow \frac{mp+2nq}{mq+np}=\underbrace{\frac{1}{1}*\frac{1}{1}*\frac{1}{1}*\cdots*\frac{1}{1}*\frac{1}{1}*\frac{1}{1}}_{(a+b-1)\text{个}*}$$

这是因为 $(a-1)+1+(b-1)=a+b-1$。当中的 $+1$ 是指两个括号之间的那个星号。

这些星星把我弄糊涂了，不过我了解了这种记法是怎样运作的。

因为最后星号的个数是 $a+b-1$，所以组合生成的分数在基本数列的位置是 $a+b$。

这就证明了位置猜想。

是的。让我们多品味一下这个结果并感受乐趣。

我也感到快乐。而你又在考虑什么新的问题？

4.16 跨越

$$\frac{m}{n} * \frac{1}{1} = \frac{m+2n}{m+n}$$

以上这个结果告诉我们，基本数列的典型分数$\frac{m}{n}$与种子分数$\frac{1}{1}$组合，就导出分数$\frac{m+2n}{m+n}$。由此我们证明了这个分数的位置数恰好比$\frac{m}{n}$的位置数大1。

我们早已知道了这一点。

不错，但假定我们不知道。这个结果告诉我们分数$\frac{m+2n}{m+n}$就是$\frac{m}{n}$后面那个分数。

于是它把我们带到跨一级规则

$$\frac{m}{n} \to \frac{m+2n}{m+n}$$

——这就是你所说的吗？

的确如此。又因为

$$\frac{m}{n} * \frac{3}{2} = \frac{3m+4n}{2m+3n}$$

告诉我们$\frac{3m+4n}{2m+3n}$是从$\frac{m}{n}$跨两级所得到的分数，跨两级规则是

$$\frac{m}{n} \to \frac{3m+4n}{2m+3n}$$

——我们也已经知道这个结果。

我明白你的意思了。因为$\frac{17}{12}$是数列中的第四项，又因为组合规则告诉我们

$$\frac{m}{n} * \frac{17}{12} = \frac{17m+24n}{12m+17n}$$

于是我们可以说

$$\frac{m}{n} \to \frac{17m+24n}{12m+17n}$$

是跨四级规则。对吗?

完全正确。在基本数列中从$\frac{m}{n}$跨越四级得到的分数是$\frac{17m+24n}{12m+17n}$。

事实上,你直接能看到,令 $m=1$,$n=1$,这个规则从$\frac{1}{1}$跨到$\frac{17+24}{12+17}=\frac{41}{29}$。

而$\frac{41}{29}$是数列的第五项。如果公式是正确的,当我用41 代替 m 而 29 代替 n,我应该得到第九个分数。算一算,有

$$\frac{(17\times41)+(24\times29)}{(12\times41)+(17\times29)}=\frac{1393}{985}$$

它确实是第九个分数。

下一个分数应该是第十三个分数,并依此类推。

这说明我们已经掌握构造一个规则的一般方法,这个规则每次跨出任意固定的级数。

是的。如果$\frac{m}{n}$代表基本数列的典型分数,$\frac{p}{q}$表示某个确定的分数,譬如说基本数列中位置在 r 的分数,那么分数

$$\frac{m}{n} * \frac{p}{q} = \frac{mp+nq}{mq+np}$$

恰好是在数列中从分数$\frac{m}{n}$向前跨 r 级。

在这种情形

$$\frac{m}{n} \to \frac{mp+nq}{mq+np}$$

是相应的跨 r 级规则。

的确是这样。

如果我想要一个规则,在基本数列中每次跨出一百项,那么我只要算出基本数列中的第一百个分数,找到相应的 p 和 q,代到上面的规则中去。

以我们现在的知识，要求第一百项有点麻烦，不过一旦你有了正确的 p 和 q，问题就解决了，你就可以从数列中任何一项开始。

只要找到相应的 p 和 q，我就可以跨越任意整数级，而无论这个整数有多大吗？

是的。

用这个方法，我能够达到我所希望的任何速度。

是的，不过这个速度是常数。

我体会这一点。这就解决了我们不久前提出的问题。如同我们刚才所做的工作，按基本而又简单的方法思考使人受益匪浅。看到这一点，我们现在知道该怎么做了。

理论上，我们能够提供跨越任意级的规则，这是因为基本数列中的每个分数都能引出一个规则，它的速度由这个分数在数列中的位置数所确定。

4.17 加速度

现在我知道如何用我喜欢的任何速度沿数列行进，而不改变加在加速器踏板上的压力。

而现在你希望能用最快的速度并且加速行进。

为什么不呢？毕竟我们只谈论数，应该庆幸不会有任何危险。

既然你已经决定，我怎么能拒绝呢？好，在我们测试新的组合规则的时候，我们对加速地经越基本数列已经有了一些经验。当数列的第一项 $\frac{1}{1}$ 和第二项 $\frac{3}{2}$ 组合，就导出第三项 $\frac{7}{5}$。然后第二项与第三项组合给出第五项 $\frac{41}{29}$。当这个新的项与前面一项 $\frac{7}{5}$ 组合，就给出第八项 $\frac{577}{408}$。

我猜想位置数可以相加时得到这个结果。

现在我们知道位置猜想是正确的。

于是，如果继续我们的工作，下一项就将是第十三项。

毫无疑问。组合目前所得到的两个最大的分数 $\frac{41}{29}$ 和 $\frac{577}{408}$，就有

$$\frac{mp+2nq}{mq+np}=\frac{(41\times577)+2(29\times408)}{(41\times408)+(29\times577)}=\frac{47321}{33961}$$

我们可以继续按这个模式生成基本数列的一个子列，它最初的几项是

$$\frac{1}{1},\ \frac{3}{2},\ \frac{7}{5},\ \frac{41}{29},\ \frac{577}{408},\ \frac{47321}{33961},\ \cdots$$①

它的项以一个加速度趋向于 $\sqrt{2}$。

这是因为位置数之间的差是递增的。我们能不能改善我们正在做的工作？

有不同的方法。其中一种方法是对我们的工作做一点微小的修改。我们目前是选择两个最近生成的分数去生成一个新分数，由于本身的"大

① 斐波那契位置。——原注

小”，第一个分数在运算过程中所起的作用仅仅相当于一个“小合伙人”。

我们能避免这种情形吗？

能避免。令$\frac{m}{n}$和$\frac{p}{q}$代表最新生成的同一个分数。

哦，是的。

我们已经讨论并实施了用相同的分数组合的规则。它的优点在于我们只要用一个最新的数值进行运算。并且，生成规则因此而只含两个字母。这个分数推动自己前进。

太有想象力了。

让我们来做这件事。因为$\frac{m}{n}$是最初的典型分数，我们仍然使用它，并在

$$\frac{mp+2nq}{mq+np}$$

中令$p=m, q=n$，就得到

$$\frac{m}{n}\to\frac{m^2+2n^2}{2mn}$$

这是不断生成$\sqrt{2}$近似值的新规则。

我简直不敢相信，这正是海伦规则呀！

正是。

看来这完全是用另一种方法获得的。

的确是这样。回忆运用海伦规则于种子$\frac{1}{1}$生成的数列，它是基本数列的一个子列。

这就是海伦数列

$$\frac{1}{1},\frac{3}{2},\frac{17}{12},\frac{577}{408},\frac{665857}{470832},\cdots$$

它是前面给出的加速子列的一个改善。

这是因为我们进行了优化。这些分数在基本数列中占据着位置1，2，4，8，16，…，大于等于前面子列中相应分数的位置数，那些分数占据着

斐波那契(Fibonacci)①位置 1,2,3,5,8,13,…

什么是斐波那契位置?

在数列 1,2,3,5,8,13,…的前面加上一个 1,就得到著名的斐波那契数列 1,1,2,3,5,8,13,…关于斐波那契数列有非常多的文章。

不过为了不分散注意力,我们就不多讨论了吧?

是的,很可惜。现在从新的视角看待海伦规则

$$\frac{m}{n} \to \frac{m}{n} * \frac{m}{n} = \frac{m^2 + 2n^2}{2mn}$$

我认为,你研究困扰你的"倍增猜想"的时机已经成熟。

它不时地困扰我。

我确信你能从困扰中解脱出来。

如果分数$\frac{m}{n}$在基本数列中的位置是 a,那么它的海伦后继分数是

$$\frac{m}{n} * \frac{m}{n} = \frac{m^2 + 2n^2}{2mn}$$

把位置数相加,知道它在同一数列中的位置是 $a + a = 2a$,这就证明了倍增猜想。

很好,正确。

最终它这么简单,真令人惊讶。但我体会到,从我第一次作出猜想至今,我们弄清楚了大量问题。

当你最初注意到位置数的关系时,问题的确是不清晰的。

不知为什么,了解倍增现象是海伦规则的一部分并不使我激动。虽然我明白了不可能简单地解释倍增现象。它像一个难题,使我既有点烦恼又有点快活。

这说明没有什么能像答案那样终结一个问题

① 斐波那契(1170—1250),意大利数学家,提出了著名的斐波那契级数问题。——译注

4.18 更强大

我想，我能发现如何产生越来越强大的规则。

用你开始讨论时的一个比喻吧，你能把油门踩到底吗？

如果我的想法正确，我无法踩到底。

好。让我听听你的想法。

如你所说，海伦规则可以被理解为运用组合规则于一个分数和它自身，从而得到下一个分数。

得到下一个分数。正确。

这正如将它乘方，只不过这里不是通常的乘法而是新的星运算。

一个很好的运算。

那么为什么不试一试“立方组合”？我估计按这样的规则，在基本数列中每一步将跨越三倍于前一次的位置数。

好，它将超过海伦规则很多项。请你详细阐述。

我提议的新规则是

$$\frac{m}{n} \to \frac{m}{n} * \frac{m}{n} * \frac{m}{n}$$

看来十分简单，但你怎么算出长箭号→右边的“星表达式”？

我记

$$\begin{aligned}\frac{m}{n} * \frac{m}{n} * \frac{m}{n} &= \frac{m}{n} * \left(\frac{m}{n} * \frac{m}{n}\right) \\ &= \frac{m}{n} * \frac{m^2 + 2n^2}{2mn} \text{①} \\ &= \frac{m(m^2 + 2n^2) + 2n(2mn)}{m(2mn) + n(m^2 + 2n^2)} \\ &= \frac{m^3 + 6mn^2}{3m^2 n + 2n^3}\end{aligned}$$

① $\frac{m}{n} * \frac{p}{q} = \frac{mp + 2nq}{mq + np}$ ——原注

我运用用海伦规则从第一行推得第二行，运用一般组合规则从第二推得第三行。

你实践了你的代数知识。我们也可以说你提议的新规则每一次组合典型分数$\frac{m}{n}$和它的海伦后继，产生一个新的分数。

我不是这样想的，但其实是一致的。因为我们知道$\frac{m}{n}$和它的海伦后继都是基本数列的元素，我们可以断定，新分数也是基本分数。

……我们也可以根据其他理由推得这一点，当然无须再解释了。

而且容易发现，为什么现在每一步能跨越三倍于前一次的位置数。如果一个分数的位置是 a，那么它的海伦后继位置是 $2a$……

……所以星运算的后继在位置 $3a$，位置数 a 的三倍。很有说服力。在上面的计算中，你选择用括号括起后两项。

我希望并且相信这样做没有什么不妥。

对这件事必须挑剔，我们要把它完全弄清楚，然后才能相信它。但我们承认它是有根据的，这样才能获得有意义的材料。你的新"立方"规则是

$$\frac{m}{n} \to \frac{m^3 + 6mn^2}{3m^2n + 2n^3}$$

它比海伦规则更强大地不断产生$\sqrt{2}$的近似值。

因为它跨越三倍位置数。

运用立方规则于种子$\frac{1}{1}$，就产生基本数列的子列

$$\frac{1}{1}, \frac{7}{5}, \frac{1393}{985}, \frac{10\,812\,186\,007}{7\,645\,370\,045}, \cdots$$

从这些分数显然可见，立方规则生成的项比海伦规则给出的相应项更快地逼近$\sqrt{2}$。我真想知道这四个分数有多么接近$\sqrt{2}$。

在解决这个问题之前，请告诉我，它们是不足近似值还是过剩近似值。

这四个分数是基本数列的第一、三、九和二十七项，它们都在奇数位置上，所以都是$\sqrt{2}$的不足近似值。

于是第四个分数应该比$\sqrt{2}$小"一点点"。我们有

$$\mathbf{\frac{10812186007}{7645370045} = 1.414213562373095048795640080754\cdots}$$

保留三十位小数。

现在我算出它后面一个分数是

$$\frac{m+2n}{m+n} = \frac{10\ 812\ 186\ 007 + 2(7\ 645\ 370\ 045)}{10\ 812\ 186\ 007 + 7\ 645\ 370\ 045} = \frac{26\ 102\ 926\ 097}{18\ 457\ 556\ 052}$$

这个分数比$\sqrt{2}$大，它是

$$1.414213562373095048802726507359\cdots$$

也到小数点后第三十位。

因为$\sqrt{2}$比这个数小而比前面那个数大，我们可以说

$$\mathbf{\sqrt{2} = 1.414213562373095048\cdots}$$

小数点后面有十八个数字，我们从来不曾知道得这么多。

仅仅从这个立方不足近似值子列的第四个分数就能获得这么好的结果。

很强大！如果我们以基本数列第二项$\frac{3}{2}$为种子运用立方规则，就得到同样好的——事实上更好一些的——$\sqrt{2}$过剩近似值的子列。

我们还能做些什么？

如果我们让由海伦规则导出的分数

$$\frac{m^2+2n^2}{2mn}$$

与自身作"星"运算，就得到下面的规则

$$\frac{m}{n} \to \frac{m^4+12m^2n^2+4n^4}{4mn(m^2+2n^2)}$$

它生成

$$\frac{1}{1}, \frac{17}{12}, \frac{1572584048032918633353217}{1111984844349868137938112}, \cdots$$

第三项真大啊。

这个强大的新规则具有四倍的力量，也因为新的分数是

$$\frac{m}{n} * \frac{m}{n} * \frac{m}{n} * \frac{m}{n}$$

——四个相同的项“满天星斗”的乘法。我们称它为“四次方”规则。

“满天星斗”,好名字。

刚才第三个分数的小数展开式是

$$1.4142135623730950488016887242096980785696718753772$$

写不下了,它确定$\sqrt{2}$小数展开式到四十九个小数位。

而这仅仅是第三项！现在我们当然能够把事情做得更好。

可以把类似的话再说一遍。当典型分数$\frac{m}{n}$与运用四次方规则得到的分数作星运算,我们就有

$$\frac{m}{n} \to \frac{m^5 + 20m^3n^2 + 20mn^4}{5m^4n + 20m^2n^3 + 4n^5}$$

把这个“五次方”规则用于种子$\frac{1}{1}$,生成

$$1, \frac{41}{29}, \frac{1855077841}{1311738121}, \frac{3515043237929985687829131076921717644468626388841}{2485510909704211897294694733728148710290930026299}, \cdots$$

因为它们在基本数列中的位置数是1,5,25,125,并依此类推,所以这是$\sqrt{2}$的一个不足近似值子列。

这第四个分数简直是个庞然大物。

但还有更大的。如果典型分数与五次方分数运算,我们就得到“六次方”规则

$$\frac{m}{n} \to \frac{m^6 + 30m^4n^2 + 60m^2n^4 + 8n^6}{6m^5n + 40m^3n^3 + 24mn^5}$$

形式很繁复,其实并不比前一个表达式更深奥。式子中的项更多并且项的次数更高,使它力量更强。把这个规则用于种子$\frac{1}{1}$,生成

$$1, \frac{99}{70}, \frac{30122754096401}{21300003689580}$$

后面是

$$\frac{23906612233037460794198505647273994598441535866192765038445737034350984895981070401}{16904527625178060083483488844298922157853960510127056409424438725613140559391177380}$$

这就是这个数列的前四项。这个数列以难以置信的速度逼近$\sqrt{2}$。

只要从第四个分数如此巨大判断，我就相信这一点。而且我们能够不断把油门踩下去，因为永远踩不到底。

踩不到底，这是因为任何规则都可以通过与它的“前辈”作星运算来改善。顺便说一句，根据上面最后一个分数和它的后继，算出$\sqrt{2}$小数展开式的前 165 个数字是

1. 41421356237309504880168872420969807856967187537694807
317667973799073247846210703885038753432764157273501384
623091229702492483605585073721264412149709993583141322266…

第 5 章　补遗与拾零

我以为我们关于$\sqrt{2}$的讨论已经接近尾声，没想到能看到$\sqrt{2}$小数展开式这么多的小数位。在结束讨论之前，关于$\sqrt{2}$和数列

$$\frac{1}{1},\frac{3}{2},\frac{7}{5},\frac{17}{12},\frac{41}{29},\frac{99}{70},\frac{239}{169},\frac{577}{408},\cdots$$

还有什么不那么专业的事情能告诉我吗？

还有一些枝节问题，与我们已经建立的结论相关，我们可以采取比较宽松的方式来考察它们，而不作详细证明。

我很乐意这样做。

5.1 最佳近似

我们已获得$\sqrt{2}$的精确度超过 160 位小数的展开式，现在，在与$\sqrt{2}$有关的计算中，我们可以放心地使用小数。

在此之前，我们总是谨慎地避免使用$\sqrt{2}$小数展开式的很多数位吗？

是的。下面的表给出了$\sqrt{2}$前二十个倍数的近似值，通过四舍五入精确到五位小数。

我想，在做这些工作时，不会有任何细节上的困难。

$$\sqrt{2} = 1.41421 = 1 + 0.41421$$

$$2\sqrt{2} = 2.82843 = 3 - 0.17157$$

$$3\sqrt{2} = 4.24264 = 4 + 0.24264$$

$$4\sqrt{2} = 5.65685 = 6 - 0.34315$$

$$5\sqrt{2} = 7.07107 = 7 + 0.07107$$

$$6\sqrt{2} = 8.48528 = 8 + 0.48528$$

$$7\sqrt{2} = 9.89949 = 10 - 0.10051$$

$$8\sqrt{2} = 11.31371 = 11 + 0.31371$$

$$9\sqrt{2} = 12.72792 = 13 - 0.27208$$

$$10\sqrt{2} = 14.14213 = 14 + 0.14213$$

$$11\sqrt{2} = 15.55634 = 16 - 0.44366$$

$$12\sqrt{2} = 16.97056 = 17 - 0.02944$$

$$13\sqrt{2} = 18.38447 = 18 + 0.38447$$

$$14\sqrt{2} = 19.79898 = 20 - 0.20102$$

$$15\sqrt{2} = 21.21320 = 21 + 0.21320$$

$$16\sqrt{2} = 22.62741 = 23 - 0.37259$$

$$17\sqrt{2} = 24.04163 = 24 + 0.04163$$

$$18\sqrt{2} = 25.45584 = 25 + 0.45584$$

$$19\sqrt{2} = 26.87006 = 27 - 0.12994$$

$$20\sqrt{2} = 28.28427 = 28 + 0.28427$$

正如你看到的，每个倍数还写成一个与它最接近的整数加上或者减去它的近似值与这个整数的距离。

这里总有最接近的整数吗？是否会有$\sqrt{2}$的某个倍数恰好落在两个整数的中点？

不可能。因为如果发生这种情形，那就意味着$\sqrt{2}$的这个倍数等于一个有理数。

于是$\sqrt{2}$也是一个有理数。我能明白这一点。所以每个倍数都有一个最接近的整数。

是的；而我关注的是，在小数式形式下，$\sqrt{2}$的每个倍数与一个整数有多接近。

那我们就开始检查，$\sqrt{2}$在整数1的右边，与1的距离是0.41421。

这个距离不是精确的，而是一个四舍五入的近似值。

这我能懂。

那么两倍的情况将如何？

数直线上，$2\sqrt{2}$在数3的左边，距离是0.17157。

因为0.17157比0.41421小，所以近似程度改善了。

$3\sqrt{2}$与4的距离是0.24264个单位，在4的右边。它与4不如$2\sqrt{2}$与3接近。

所以$3\sqrt{2}$与最近整数的接近程度不如$2\sqrt{2}$与它的最近整数。

下一个的情况更糟糕。$4\sqrt{2}$在数6的左边，与4的距离是0.34315。

这样，$2\sqrt{2}$就是目前与一个整数最接近的记录保持者。

但情况即将变化。表里的下一项表明，$5\sqrt{2}$与整数7的距离是0.07107。

不错。与最近整数的距离 0.07107 个单位是到目前为止最小的。

看来我们有了一个新的冠军——$\sqrt{2}$ 的 5 倍。

目前 $\sqrt{2}$ 的 5 倍与一个整数的距离最近。现在，如果你沿最右面一列往下看，在 $\sqrt{2}$ 的 12 倍之前，你找不到能取代 $\sqrt{2}$ 的 5 倍的。

让我看一看；的确如此。

正如你能看到的，$12\sqrt{2}$ 与 17 的距离是 0.02944，比 $5\sqrt{2}$ 与7 的距离 0.07107 小。于是 $\sqrt{2}$ 的 12 倍就夺取了"$\sqrt{2}$ 的倍数接近于一个整数"的桂冠。

12 倍的这个冠军能当多久？

直到更接近一个整数的倍数被发现。

我想，我正在发现你希望我发现的东西。

你是指什么？

到现在为止，"创记录的倍数"是

1，2，5，12

而相应的"创记录时被接近的整数"是

1，3，7，17

这正是我希望你看到的。第一组数——依次获得冠军的——正是佩尔数列的前四项，而第二组数——相应的最近整数——则是所谓佩尔数列"表兄弟"数列的前四项。

这真令人吃惊！

换言之，我们可以说，在基本数列

$$\frac{1}{1},\frac{3}{2},\frac{7}{5},\frac{17}{12},\frac{41}{29},\frac{99}{70},\frac{239}{169},\frac{577}{408},\cdots$$

中，分数的分母依次是创记录的倍数，而分子依次是创记录时被接近的整数。

这个数列以如此多样的方式出现，几乎难以置信。

的确是这样。现在，既然我们已经揭示了事情的本质，这就意味着……

……下一个最接近的倍数是$\sqrt{2}$的 29 倍，与它最接近的整数是 41。

是的。往下看一眼右面一列，你找不到比当前的 0.02944 更小的距离了。

我同意。

所以我们不得不扩充我们的表以检查我们的预言。为什么你不试一试呢？

我很乐意做这件事。下面十个$\sqrt{2}$的倍数是

$$21\sqrt{2} = 29.69848 = 30 - 0.30152$$

$$22\sqrt{2} = 31.11270 = 31 + 0.11270$$

$$23\sqrt{2} = 32.52691 = 33 - 0.47309$$

$$24\sqrt{2} = 33.94112 = 34 - 0.05888$$

$$25\sqrt{2} = 35.35534 = 35 + 0.35534$$

$$26\sqrt{2} = 36.76955 = 37 - 0.23045$$

$$27\sqrt{2} = 38.18377 = 38 + 0.18377$$

$$28\sqrt{2} = 39.59798 = 40 - 0.40202$$

$$29\sqrt{2} = 41.01219 = 41 + 0.01219$$

$$30\sqrt{2} = 42.42641 = 42 + 0.42641$$

应该够用了。

是的。在倒数第二行，我们找到了我们要找的数。

我也看见它了。第十二行之后，我们第一次发现$\sqrt{2}$的一个倍数，它与最近整数的距离小于 0.02944。

值得欢迎，新的最小距离如我们所预言。$\sqrt{2}$ 的 29 倍与最近整数 41 的距离为 0.01219。

我想检查的下一个冠军数对是 77 和 90，但工作量太大了一些。

当然，不必去检查了。

这样看来，佩尔数列的项

$$1, 2, 5, 12, 29, 70, 169, 408, \cdots$$

不断提供$\sqrt{2}$的一些倍数,它们依次创造与一个整数接近的记录,而相应的创记录时被接近的整数则组成下面的数列

$$1,3,7,17,41,99,239,577,\cdots$$

如果是这样,就给出了看待这两个数列的另一个角度。

你说得对,不过我们不去证明它。还是让我们简单讨论基本数列

$$\frac{1}{1}, \frac{3}{2}, \frac{7}{5}, \frac{17}{12}, \frac{41}{29}, \frac{99}{70}, \frac{239}{169}, \frac{577}{408}, \cdots$$

中的分数给我们什么进一步的启发——这些分数已成为我们的老朋友了。

我们总是和它不期而遇。

我们关注$\sqrt{2}$的前二十九个倍数,29 $\sqrt{2}$是目前最接近于一个整数的数。

这是因为由我们的计算,

$$29\sqrt{2} = 41 + 0.01219$$

而0.01219比$\sqrt{2}$前二十八个倍数与相应整数的距离都小。

量0.01219叫做29 $\sqrt{2}$的"分数部分",表示29 $\sqrt{2}$与它的"整数部分"41的距离。至于它前面是正号还是负号,那不影响我们的说法。

它只是这个分数部分的大小,这很重要吗?

是的。它是至今观察所得的最小距离。当我们把最后一个等式除以29,我们就得到

$$\sqrt{2} = \frac{41}{29} + \frac{1}{29}(0.01219\cdots)$$

我在最后加上省略号说明0.01219只是一个近似值。

完全正确。

现在我对我们两张表里的前二十八个等式做同样的工作。也就是对每个等式用$\sqrt{2}$相应的倍数去除。

工作量很大。

做这个工作最简单的方法是合并我们前面两张表，删去第二列。我们就得到一张表，把$\sqrt{2}$前三十个倍数中的每一个都表示为与它最接近的整数与它分数部分的和：

$$\sqrt{2} = 1 + 0.41421$$

$$2\sqrt{2} = 3 - 0.17157$$

$$3\sqrt{2} = 4 + 0.24264$$

$$4\sqrt{2} = 6 - 0.34315$$

$$5\sqrt{2} = 7 + 0.07107$$

$$6\sqrt{2} = 8 + 0.48528$$

$$7\sqrt{2} = 10 - 0.10051$$

$$8\sqrt{2} = 11 + 0.31371$$

$$9\sqrt{2} = 13 - 0.27208$$

$$10\sqrt{2} = 14 + 0.14213$$

$$11\sqrt{2} = 16 - 0.44366$$

$$12\sqrt{2} = 17 - 0.02944$$

$$13\sqrt{2} = 18 + 0.38447$$

$$14\sqrt{2} = 20 - 0.20102$$

$$15\sqrt{2} = 21 + 0.21320$$

$$16\sqrt{2} = 23 - 0.37259$$

$$17\sqrt{2} = 24 + 0.04163$$

$$18\sqrt{2} = 25 + 0.45584$$

$$19\sqrt{2} = 27 - 0.12994$$

$$20\sqrt{2} = 28 + 0.28427$$

$$21\sqrt{2} = 30 - 0.30152$$

$$22\sqrt{2} = 31 + 0.11270$$

$$23\sqrt{2} = 33 - 0.47309$$

$$24\sqrt{2} = 34 - 0.05888$$

$$25\sqrt{2} = 35 + 0.35534$$

$$26\sqrt{2} = 37 - 0.23045$$

$$27\sqrt{2} = 38 + 0.18377$$

$$28\sqrt{2} = 40 - 0.40202$$

$$29\sqrt{2} = 41 + 0.01219$$

$$30\sqrt{2} = 42 + 0.42641$$

现在我们用相应的$\sqrt{2}$的倍数去除每一行,得到

$$\sqrt{2} = \frac{1}{1} + \frac{0.41421}{1}$$

$$\sqrt{2} = \frac{3}{2} - \frac{0.17157}{2}$$

$$\sqrt{2} = \frac{4}{3} + \frac{0.24264}{3}$$

$$\sqrt{2} = \frac{6}{4} - \frac{0.34315}{4}$$

$$\sqrt{2} = \frac{7}{5} + \frac{0.07107}{5}$$

$$\sqrt{2} = \frac{8}{6} + \frac{0.48528}{6}$$

$$\sqrt{2} = \frac{10}{7} - \frac{0.10051}{7}$$

$$\sqrt{2} = \frac{11}{8} + \frac{0.31371}{8}$$

$$\sqrt{2} = \frac{13}{9} - \frac{0.27208}{9}$$

$$\sqrt{2} = \frac{14}{10} + \frac{0.14213}{10}$$

$$\sqrt{2} = \frac{16}{11} - \frac{0.44366}{11}$$

$$\sqrt{2} = \frac{17}{12} - \frac{0.02944}{12}$$

$$\sqrt{2}=\frac{18}{13}+\frac{0.38447}{13}$$

$$\sqrt{2}=\frac{20}{14}-\frac{0.20102}{14}$$

$$\sqrt{2}=\frac{21}{15}+\frac{0.21320}{15}$$

$$\sqrt{2}=\frac{23}{16}-\frac{0.37259}{16}$$

$$\sqrt{2}=\frac{24}{17}+\frac{0.04163}{17}$$

$$\sqrt{2}=\frac{25}{18}+\frac{0.45584}{18}$$

$$\sqrt{2}=\frac{27}{19}-\frac{0.12994}{19}$$

$$\sqrt{2}=\frac{28}{20}+\frac{0.28427}{20}$$

$$\sqrt{2}=\frac{30}{21}-\frac{0.30152}{21}$$

$$\sqrt{2}=\frac{31}{22}+\frac{0.11270}{22}$$

$$\sqrt{2}=\frac{33}{23}-\frac{0.47309}{23}$$

$$\sqrt{2}=\frac{34}{24}-\frac{0.05888}{24}$$

$$\sqrt{2}=\frac{35}{25}+\frac{0.35534}{25}$$

$$\sqrt{2}=\frac{37}{26}-\frac{0.23405}{26}$$

$$\sqrt{2}=\frac{38}{27}+\frac{0.18377}{27}$$

$$\sqrt{2}=\frac{40}{28}-\frac{0.40202}{28}$$

$$\sqrt{2}=\frac{41}{29}+\frac{0.01219}{29}$$

$$\sqrt{2}=\frac{42}{30}+\frac{0.42641}{30}$$

在最后一列，我们得到一个分数，我们称它为小数部分。小数部分恰好是分数部分除以相应的$\sqrt{2}$的倍数。

而你得到这些小数部分并不很麻烦。

我这样做是有目的的。你可能知道我的用意。现在我希望你证明，分数$\frac{41}{29}$之后的小数部分比表中出现的其他的小数部分要小得多。

这不难解释。我们已经知道0.01219是最小的分数部分。

正确。

在表里，它被29除，而29比其他除数1到28都大。

也正确，为什么这很重要？

很明显，最小的分数部分除以最大的倍数必定比较大的分数部分被较小的倍数除要小。

是的。这就意味着$\frac{41}{29}$对于$\sqrt{2}$的近似程度比表中前二十八个分数更好。

这是肯定的。

化简所有这些分数成为既约分数——其中有些需要做这个工作，譬如$\frac{8}{6}$，并除去像$\frac{6}{4}=\frac{3}{2}$这样重复的情形，就得到

$$\frac{1}{1},\frac{3}{2},\frac{4}{3},\frac{7}{5},\frac{10}{7},\frac{11}{8},\frac{13}{9},\frac{16}{11},\frac{17}{12},\frac{18}{13},$$

$$\frac{23}{16},\frac{24}{17},\frac{25}{18},\frac{27}{19},\frac{31}{22},\frac{33}{23},\frac{37}{26},\frac{38}{27},\frac{41}{29}$$

我把这些基本的分数醒目地表示出来。

我看见了。

这些分数中的每一个都是$\sqrt{2}$的近似值。

这个数列中分数的近似程度一个比一个好吗？

不，不完全如此。分数$\frac{18}{13}$对$\sqrt{2}$的近似不比$\frac{17}{12}$好，$\frac{23}{16}$也不比$\frac{17}{12}$好，而$\frac{23}{16}$

则改善了$\frac{18}{13}$的近似程度。

$\frac{17}{12}$的近似程度比它与$\frac{41}{29}$之间的分数都好吗?

不。分数$\frac{24}{17}$比$\frac{17}{12}$更接近$\sqrt{2}$,不需要借助小数近似值就能说明这一点。

我过一会儿再检查。但你刚才说,$\frac{41}{29}$的近似程度比表里它之前所有的分数都好。

是的,回过头来找一找原因是有益的。你刚才的话相当于说

$$\frac{1}{29}\times(0.01219)\cdots<\frac{1}{q}\times(\text{分数部分}\cdots\cdots)$$

这里q是前二十八个自然数之一。这就意味着$\frac{41}{29}$比所有其他分数都更接近$\sqrt{2}$,因此在这些分数中,$\frac{41}{29}$是$\sqrt{2}$最好的近似值。

解释得很清楚。

而且$\frac{41}{29}$比任何其他分数$\frac{p}{q}$更接近$\sqrt{2}$,这里分母q小于29,而分子p是任意整数。

难道不仅仅是所列出的那些分数的分子吗?

任意的分子。原因很简单:与上面列出的给定的q相对应的p是关于这个特定分母最好的分子。只要你想一想,就不难弄清楚。

也许对你而言不困难,而我已经被这些分数弄糊涂了。你能不能就例如$\frac{16}{11}$的情形给我作点解释?

好的。从我们的原始表里,我们知道,$11\sqrt{2}$与16的距离小于半个单位。

这是因为16是最接近$11\sqrt{2}$的整数吗?

是的。所以$\frac{16}{11}$与$\sqrt{2}$的距离小于$\frac{1}{11}$的一半。

$\frac{1}{11}$是来自于用 11 去除分数部分吗？

正如你所说。现在任何其他的具有$\frac{p}{11}$形式的分数距离$\frac{16}{11}$至少是$\frac{1}{11}$。

分母为 11 的分数中，距离$\frac{16}{11}$最近的是$\frac{15}{11}$和$\frac{17}{11}$。

是的。因为$\sqrt{2}$与$\frac{16}{11}$的距离小于$\frac{1}{11}$的一半，所以它与这两个分数以及其他具有$\frac{p}{11}$形式的分数的距离必定大于$\frac{1}{11}$的一半，

所以与$\sqrt{2}$的距离比$\frac{16}{11}$大。现在我明白了。

所以没有其他分母小于 29 的分数比$\frac{41}{29}$更接近$\sqrt{2}$。由于这个结论，称$\frac{41}{29}$为$\sqrt{2}$的"最佳"近似。

但$\frac{17}{12}$也是最佳近似，因为没有分母小于 12 的分数比$\frac{17}{12}$更接近$\sqrt{2}$。

不错。

只有基本数列中的分数才具有这个性质吗？

是的，对于下面的分数

$$\frac{1}{1},\ \frac{3}{2},\ \frac{7}{5},\ \frac{17}{12},\ \frac{41}{29},\ \frac{99}{70},\ \frac{239}{169},\ \frac{577}{408},\ \cdots$$

分母比它们小的分数与$\sqrt{2}$的距离都比它们与$\sqrt{2}$的距离远，在这个意义上，它们都是$\sqrt{2}$的最佳近似。

那么譬如说，一个分数比$\frac{99}{70}$更接近$\sqrt{2}$，它的分母就必定大于 70？

是的。第一个满足这个要求的分数是$\frac{140}{99}$，这个分数是……我就不多说了。

5.2 拉马努金(Ramanujan)

就我们已经做过的工作,我先出四个问题考考你。然后我要告诉你一个难题,并由此引出两位最优秀的数论学家。

数论学家——研究数的数学家?

研究数的性质。“数论是数学的女王,”你即将遇见的一位先生曾经这样赞颂它。

我们所做的工作能称为“数论”吗?

在某种意义上能,不过只是数论的入门,只使用简单的代数知识,不涉及函数和矩阵,而数学的这两种工具对数论研究有巨大帮助。

依我看,我们所做的大量工作只需要代数。

的确,但因此可能进展缓慢。我尝试驾着帆船遨游数学的王国,尽管在旅途要多耽搁一些时间。

好,我很高兴你这样做。四个问题是什么?

首先让我告诉你,它们都可以很简单地解决,不像听上去那么令人畏惧。

好的,我会把你的话记在心里。

问题与$\sqrt{2}$的倒数$\frac{1}{\sqrt{2}}$有关。第一个问题是解释为什么这个数是无理数;第二个问题是像当初写基本数列那样,写出一个分数数列趋向于$\frac{1}{\sqrt{2}}$;第三个问题是写出$\frac{1}{\sqrt{2}}$的无穷连分数展开式;第四个问题是利用最近获得的$\sqrt{2}$的小数展开式,写出$\frac{1}{\sqrt{2}}$小数展开式前160位左右的数字。

这些问题听上去很不简单,思考这些问题要花很多时间。

我希望你联系了数列

$$\frac{1}{1},\frac{3}{2},\frac{7}{5},\frac{17}{12},\frac{41}{29},\frac{99}{70},\frac{239}{169},\frac{577}{408},\cdots$$

进而思考这些难题。而接下来,我将告诉你,有些人是如何了解并熟

悉数的。

就是你提到的那些数学家吗？我已经被他们吸引了。

我曾经谈起的英国数学家哈代有一位亲密同事，即著名印度数学家拉马努金（Srinivasa Ramanujan）。在他短暂的悲剧性的一生中，有一次，有人给他一道难题：

图 32　拉马努金
（1887—1920）

> 在街道一边有一些从 1 号开始连续编号的房子。现在要寻找这样一所房子的门牌号，它一侧所有房子门牌号的和等于另一侧所有房子门牌号的和。①

拉马努金随口报了一个连分数回答他的朋友马哈诺比斯，并且解释道："我一听见这个问题，就知道它的解必定是个连分数；我再想，'是个什么连分数呢？'答案就出现在我头脑里。"对此你怎么想？

我回答不上，我简直目瞪口呆，因为我还没有真正弄懂他得到什么结果。他对问题的反应像闪电一样快，我正努力让我的脑子跟上。

大多数人听到这个问题时，反应都像你一样。

所有这些房子排成一排，门牌号是 1，2，3，这样排下去，直到最后一所房子，而没有告诉我们最后一所房子的门牌号。

是的，没有告诉我们。

这就意味着，在这个难题里我们要寻找两个数：街道一边房子的总数和那所具有特殊性质的房子的门牌号。

是的。我们可以想象，就像看到一排房子：

① 见本章注释 1。——原注

图 33

小的门牌号排在我们左边，大的门牌号排在右边。

肯定只有某些数能满足这个难题的要求。

我想是的。不是每条编好门牌号的街道都有这样的房子。但我们知道，能够有这样一条街道，它有一所特殊的房子，具有这个特别的性质。

是的。我不这样想，因为我担心这个难题可能无解。

而我关心的是，当它有解，是否只有唯一解。

我知道你会提一个很棘手的问题，就像现在这个。但怎么会有两所不同的房子都满足要求呢？如果比小号的那所房子编号小的所有房子门牌号的和等于比它编号大的所有房子门牌号的和，那么比大号的那所房子编号小的所有房子门牌号的和一定大于比它编号大的所有房子门牌号的和。

我同意。我正像训练一个数学家那样问你："如果解存在，那么它唯一吗？"

我知道。

如果难题指的街道只有一所房子，你怎么看？

图 34

真是无奇不有！你的意思是街道只有一所房子，因为它的左右两侧都没有房子，所以也满足问题的要求？

的确如此，因为可以说这里不存在和的问题。这也是一种可能。

我想，那所房子自身的门牌号是不计的。

是的。题目是说，它左侧所有房子门牌号的和等于它右侧所有房子门牌号的和。

显然，如果街道上只有两所房子，这种情形不满足问题的要求。

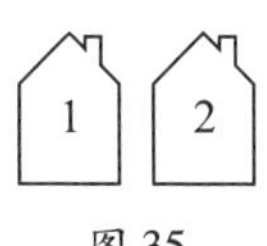

图 35

这是因为没有一所房子能像题目所要求的那样两侧都有房子。

是的。有三所房子也不满足要求。

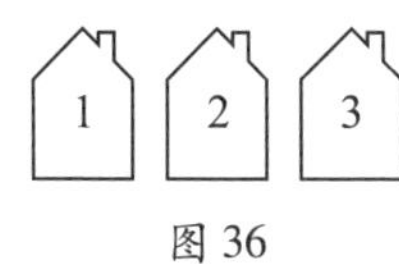

图 36

这是因为左侧的 1 不等于右侧的 3。我希望问题的解比较小，能通过逐个试误来求解。

让我们检查最多十所房子的街道。如果还是找不到，我们就要换一种思考方法了。

好的。如果街道有四所房子，门牌号码为 1，2，3，4，哪所房子有可能呢？

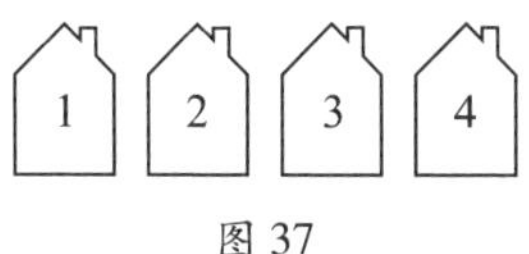

图 37

排在两端的门牌号为 1 和 4 的房子不可能，2 也不可能。余下 3 号房子也应排除，这是因为 1 + 2 比 4 小。

试试五所房子看。

图 38

好，作为排在两端的房子，1 和 5 立刻可以排除。数 2 的左边只有 1，不可能等于 3 + 4 + 5。3 号房子也应排除，这是因为 1 + 2 小于 4 + 5。而 4 号房子也同样应该排除，这是因为 1 + 2 + 3 比 5 大。

除此之外没有房子了。那么六所房子将如何？

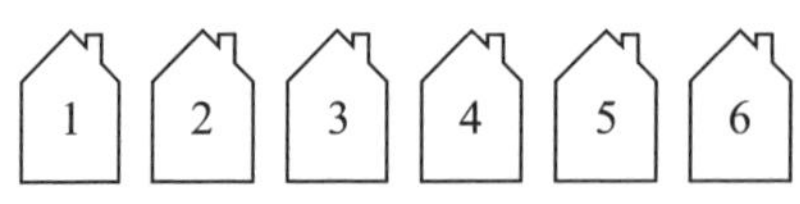

图 39

两头的门牌号 1 和 6 应排除，不必试验 2 或 3，因为它们显然太小。我感觉房子门牌号应该接近街道的右端。

房子的门牌号显然超过“中间那个或那两个数”，这是因为左侧比较多的较小数的和才能与右侧比较少的较大数的和相等。

房子门牌号应排除 4，因为 1 +2 +3 =6 不等于 5 +6。

而 1 +2 +3 +4 =10 >6，排除 5 号房子。那么七所房子将如何？

图 40

因为1 +2 +3 +4 =10 <6 +7，所以我们可以排除直到 5 号的所有房子；又因为 1 +2 +3 +4 +5 =15 >7，我们也可以排除 6 号和 7 号房子。

七所房子也不容乐观，那么试试八所房子。

现在问题解决了！

为什么？

因为在七所房子的情况下，我们看到 1 +2 +3 +4 +5 =15，而这个和正好等于 7 +8。

是吗？

在一条共有八所房子的街道上：

图 41

对于门牌号码 6，有

$$1+2+3+4+5=7+8$$

——它左侧门牌数的和等于它右侧门牌数的和。

终于求得了解答。

这真是够困难的，不过我还是很高兴我们找到一个解。

在我们用专门方法处理这个问题之前，先看一看问题其他的解。下一个解是门牌号为 35，一排有 49 所房子。你打算检查一下吗？

我打算检查，但为此我必须从数 1 加到 34，再从数 36 加到 49，即便使用计算器，这也得花费很多时间。

的确如此。你现在遇到另一个问题或者说难题，这一次是纯数学性质的问题，它将带我们走进一个常被人谈起的故事，故事叙述另一位伟大数学家如何解决这个新问题。

从我们刚才用以求问题第二个解的尝试法来看，如果我们想要继续完成拉马努金难题，我们还需要了解他是怎样用一般方法来求和的。

绝对正确。不过，在讲述这个数学故事之前，让我先告诉你

$$\mathbf{1+2+3+\cdots+32+33+34=595}$$

而

$$\mathbf{36+37+38+\cdots+47+48+49=595}$$

证实了这是第三个解。

但它们没有告诉我这些和是如何求得的。

这是因为我不想破坏我将给你转述的故事的情节。等讲完这个故事，我们将进一步作数学上的准备，来解决我们的房子问题。

那就照你的想法做吧。

5.3 卡尔·高斯(Carl Gauss)

高斯(**Carl Friedrich Gauss**)是古往今来最伟大的数学家之一。

图42 高斯
(1777—1855)

据说,高斯不满八岁时,有一次,老师要全班学生求一个算式的和

$$1+2+3+4+\cdots+97+98+99+100$$

你一定已经发现,这与我们前面求的第一个和相似,只不过略微长了一些。

长得多。对于那个年龄的孩子来说,这是个很难的问题。

老师也是这样想的。他满以为这个计算会耗去学生大部分上课时间。他要求每个学生计算完毕后把答案写在小石板上,然后把石板面朝下放在讲台前指定的地方。

他们做这样的加法需要很多时间。

只一会儿工夫,八岁的高斯把小石板面朝下放在讲台前指定的地方,然后回到自己的座位上,保持安静。

一会儿工夫?他肯定是随便写下一个数。

老师可能也像你一样想,但即便如此,他也无话可说。他继续看他的书,让孩子自己去思索。

后来发生了什么事?

快下课了,老师嘱咐还在忙于计算的孩子们结束工作,并把石板堆在指定的地方。

都压在小高斯的石板上面?

是的。当老师检查石板的时候,他发现,只有一块石板上写着正确的

答案5050。

是在小高斯的石板上吗?

没有其他人。

真令人惊讶,他怎能这么快就求得答案?

在老师所给的冗长的加法求和下面,他设想把数1到100的和倒过来再写一遍

$$\begin{array}{l} \mathbf{1+\ 2+\ 3+\ 4+\cdots+97+98+99+100} \\ \mathbf{100+99+98+97+\cdots+\ 4+\ 3+\ 2+1} \end{array}$$

他这样做的用意是什么?

我得想一想。他是不是打算把第二行中的每一个数与第一行中它上面的那个数相加?

是的,他是这样做的

$$\begin{array}{l} \mathbf{1+\ 2+\ 3+\ 4+\cdots+97+98+99+100} \\ \underline{\mathbf{100+99+98+97+\cdots+\ 4+\ 3+\ 2+1}} \\ \mathbf{101+101+101+101+\cdots+101+101+101+101} \end{array}$$

你能看出这样写的好处吗?

他得到每一对数的和都是101。

确实如此。你能看出高斯是怎样完成计算的吗?

要去与一个八岁小孩比高低,这对我是可怕的压力!不过我知道,最后一行有一百个101相加。

是的。因为整个运算中1到100的每个数都被加了两次,因此共有一百个101相加。

这样,

$$2(1+2+3+4+\cdots+97+98+99+100)=100\times101$$

就得到

$$1+2+3+4+\cdots+97+98+99+100=\frac{100\times101}{2}=5050$$

——这就是高斯写在他石板上的答案!

这就是高斯的做法。

他想到把这些加数倒过来再写一遍，使得每列相加得到相同的和，这的确太聪明了。如果他在八岁时就能这样思考，他成为了一位伟大的数学家就毫不奇怪了。

据说他先学会计算，后学会说话。

我完全相信。

这个方法避免了每次把下一个数与前面所有数的和相加。因为一百个简单的加法（100 +1，99 +2，…，1 +100）和都相同，高斯的技巧把原问题转化为简单得多的新问题，他不必去做原问题所包含的大量工作，只要做一次加法、一次乘法、一次除法就得到结果。

真精彩，当你明白了，看起来就这么简单。

很惊人，节省了大量精力。而大多数人却像我们一样看不到这种方法。但我们不会因为别人唱歌唱得好而自己就不唱歌。顺便说一句，就是高斯写下这句话“数学是科学的女王，而数论是数学的女王。”

我想。他是有资格说这样的话的。现在我能尝试用他的方法求我们上面的和吗？

在你动手之前，我们最好先获得一般的结论，以便运用。

请讲吧。

我们把这种技巧运用于从 1 开始到任意自然数为止的所有这些自然数的求和。例如，假如我问你，下面的和是多少

$$1+2+3+4+\cdots+997+998+999+1000$$

你将不再吞吞吐吐地怀疑自己能不能完成这么长的算式，相反，仿效上面这个简单的计算模式，你将胸有成竹地告诉我，答案是

$$\frac{1000\times1001}{2}=500\times1001=500\ 500$$

我说得对不对？

我相信我肯定就是这么做。

如果我要你解释为什么这样快就得到答案，你就会告诉我你是按简单规则计算得到的，这个规则就是：把最大的那个数乘以它后面那个数，然后取积的一半。

当然，我会这样说。

在这个特殊的例子中，最大的加数是1000，因此它后面那个数是1001，用1001乘1000得到1 001 000。取这个数的一半得到500 500，这就是答案。

就这么简单。

因为“最大的加数”可以随问题而变化，通常用一个字母来代表它。因为这个最大加数总是一个自然数，又因为 n 是单词“自然的”①**的第一个字母，所以经常用 n 来表示最大加数。**

这样我们就可以写出求前 n 个自然数和的规则吗？

是的，公式的全部效用在于使我们能够灵活地处理任何情况。如果 n 是最大加数，那么它前面一个数是什么？

我想是 $n-1$，而再前面一个数是 $n-2$。

你已经能够得心应手地运用代数表示了。

还不能这么说，我仅仅能处理具体数的简单情形。

我们经常把前 n 个自然数的和一般地写为

$$\mathbf{1+2+3+\cdots+(n-2)+(n-1)+n}$$

这里 n 是最大加数。

这样，$(n+1)$ 就是 n 后面的那个数，这个数乘 n，就是 $n(n+1)$。于是上面的规则就是说这个和等于

$$\frac{n(n+1)}{2}$$

是的，很简洁。于是有

$$\mathbf{1+2+3+\cdots+(n-2)+(n-1)+n=\frac{n(n+1)}{2}}$$

这是前 n 个自然数和的一个简单而实用的一般公式。

我打算再检查一下房子–街道问题的35，49的那个解。

很好的表达——可以说是摘要。算算看。

① “自然的”的英文单词是natural。——译注

前三十四所房子门牌号的和是

$$1+2+3+\cdots+32+33+34=\frac{34(35)}{2}=17\times 35=595$$

我应该如何去求从 36 到 49 这些数的和?

只有一点技术上的区别,我相信你一定能解决。

让我看看该怎么办。先求前 49 个数的和,再从其中减去前 35 个数的和。这样

$$\begin{aligned}36+37+\cdots+48+49&=(1+2+\cdots+49)-(1+2+\cdots+35)\\&=\frac{49(50)}{2}-\frac{35(36)}{2}\\&=(49\times 25)-(18\times 35)\end{aligned}$$

$$\Rightarrow 36+37+\cdots+48+49=595$$

与前面相同。

我注意到你把 36 + 37 + ⋯ + 48 + 49 写成两个和的差,而每个和可以用公式去求,这是一个简单而巧妙的方法。

谢谢。

作为鼓励,你可以检查房子 - 街道的下一个解,答案是房子门牌号为 204,街道上共有 288 所房子。

我这就动手。

5.4 知难而进

现在回过头来考察我们的难题，并且借助我们新获得的公式和一点代数知识解决它。

这一直在鼓舞着我。

我们假设，为使这个难题有解，街道上房子的总数是 T。

用大写字母 T 表示街道上所有房子数，是这样吗？

是的；又用 h 代表我们所寻找的相应房子的门牌号：

图 43

你试试用房子的门牌号 h 与街道上的房子数 T 来叙述我们难题的内容。

我来试一试。直到 $h-1$ 并且包含 $h-1$ 的所有自然数的和必须等于从 $h+1$ 直到 T 并包含 T 的所有自然数的和。

不错。第一个和——所有在 h 左边房子的较小的门牌号之和是多少？

运用公式，用 $h-1$ 代替 n，这个和是

$$1+2+\cdots+(h-2)+(h-1)=\frac{(h-1)h}{2}$$

很好。那么第二个和——在 h 右边的所有那些房子门牌号的和又是多少？

用我刚才曾用过的方法，第二个和是

$$\begin{aligned}&(h+1)+(h+2)+\cdots+(T-1)+T\\&=[1+2+\cdots+(T-1)+T]-[1+2+\cdots+(h-1)+h]\\&=\frac{T(T+1)}{2}-\frac{h(h+1)}{2}\end{aligned}$$

非常棒。如题目所要求的，让这两个和相等，你最终得到什么结果？

让这两个和相等，得到

$$\frac{(h-1)h}{2}=\frac{T(T+1)}{2}-\frac{h(h+1)}{2}$$

等式两边同乘以 2,并且把所有含 h 的项移到等号一边,得到

$$h^2-h+h^2+h=T^2+T$$

正确。现在消去项 $-h$ 和 h,得到

$$\mathbf{2h^2=T^2+T}$$

这个式子比较简单,我们可以利用它。

看上去并不太复杂。

我们已经建立了房子门牌号 h 和街道上房子总数 T 之间的关系。如果我们能够找到一个 h 和一个 T 适合这个等式,那么两个和就能相等,我们就得到难题的一个解。为什么你不检查一下我们已经求得的解?

街道上只有一所房子算不算问题的解?有谁听说过只有一所房子的街道?

好的,不管算不算问题的解,看它是否满足等式。

令 $h=1$ 并且 $T=1$,得到 $2(1)^2=1^2+1$,就是 $2=2$,所以它符合要求。

那我们的下一个解呢?

这里 $h=6$ 并且 $T=8$,就是 $2(6)^2=8^2+8$,没错。

作为一种乐趣,再试试我告诉你的另外两个解。

好的。

$2h^2=2(35)^2=2450$,而 $T^2+T=49^2+49=2450$

$2h^2=2(204)^2=83232$,而 $T^2+T=288^2+288=83232$

两种情形都检查了。

为了再推进一步,我必须先采取一两个策略,看上去有点古怪,不过当我做完后我会向你解释这种方法。

我集中注意力。

首先,我在等式两边同时乘以 4,并交换等式的两边,得到

$$\mathbf{4T^2+4T=8h^2}$$

没有问题,尽管我不知道你为什么要这样做。

当然，这样做的原因会显现出来的。现在我们在两边同时加上1，得到

$$4T^2+4T+1=8h^2+1$$

这个式子的左边能不能写得更紧凑一些？

是不是包含了某种因式分解？我好像看不出，我没有什么印象。

好，现在左边能写成某个平方的形式。我们得到

$$(2T+1)^2=8h^2+1$$

$4T^2+4T+1$ 可以写成 $(2T+1)^2$—— 一次式 $2T+1$ 的平方。我们所用的这种方法就是所谓“配方法”。

你已经在一个你所谓巧妙的证明中用过。

我用过，这是很有用的想法，表明我们最初的条件与现在得到的结果是等价的。

我同意，因为你同样对待等式的两边。

现在，把 $8h^2$ 看成 $2(2h)^2$，我们把最后一个等式写成下面的形式

$$(2T+1)^2-2(2h)^2=1$$

它带我们接近过去的工作。

它看上去很熟悉。它表明一个东西的平方减去另一个东西平方的两倍等于1。

的确如此。当我们用 m 代替 $2T+1$，用 n 代替 $2h$，我们就得到

$$m^2-2n^2=1$$

—— 一个你已经见过多次的表达式。

原来你带我来到这里，现在我认出来了。在我们的基本数列中，从$\frac{3}{2}$开始，所有序号是偶数的分数都满足这个关系，这里 m 是分数的分子而 n 是分母。

我很高兴你发现这一点。上子列

$$\frac{3}{2},\ \frac{17}{12},\ \frac{99}{70},\ \frac{577}{408},\ \frac{3363}{2378},\ \cdots$$

中的每一个分数都满足 $m^2-2n^2=1$。

我要回顾一下，我们怎么又来到这里。

我很赞赏你这样做，你的建议总是合情合理的。

我们开头在寻找房子门牌号 h 和街道上房子总数 T，它们是这个难题的解，我们发现任何一对 h 和 T 可以从上子列中的分数得到，是这样吗？

是的，准确地说，我们说明了满足要求的房子的门牌号是这些分数的分母的一半。

是因为 $n=2h$ 吗？

是的。

现在我有一个主意，因为 $m=2T+1$，我们可以将分子减去 1 然后除以 2，就得到相应的街道房子总数。

现在你的反应已经很快了。

于是反过来，从上子列

$$\frac{3}{2}, \frac{17}{12}, \frac{99}{70}, \frac{577}{408}, \frac{3363}{2378}, \cdots$$

的分子和分母我们得到分数数列

$$\frac{1}{1}, \frac{8}{6}, \frac{49}{35}, \frac{288}{204}, \frac{1681}{1189}, \cdots$$

它们包含了我们所寻求的关于房子门牌号和街道房子总数的所有信息。

是的，很好。有一点需要说明，这个数列中的分数不是既约的。

是的，它们不是既约的。

为了给出难题的解，不能对它们进行约分。

我同意。这个难题竟然这样联系于我们关于$\sqrt{2}$的讨论，这真神奇。

谁说不是呢？这个难题与基本数列的这些联系表明，它具有无穷多个解。

很有说服力。

数学充满了类似于此的惊奇，这是它巨大魅力的一部分。

这样我们就相信，数学家拉马努金在听到这个难题时，就发现了我们刚才经过研究才获得的所有信息？

你当然可以这样想。

现在我真正目瞪口呆！

如果这还不足以证明拉马努金在数方面的天才，还有另一个例子。哈代(G. H. Hardy)说，有一次他到医院去看望拉马努金，谈起他刚乘坐的出租车的牌号是1729，一个他认为不能引起对方兴趣的数。

图44　哈代
(1877—1947)

我想哈代是另一位数论学家。

一流的数论学家。令哈代震惊的是，拉马努金告诉他，1729是最小的能用两种不同的方法表示为两个三次方的和的自然数，这就是

$$1^3+12^3 \quad \text{或者}\ 9^3+10^3$$

——你很容易验证。

我无话可说！

5.5 不同的题，相同的解

在解刚才这个难题的时候，我们用了这样一个结论，即对每个自然数 n，有

$$1+2+3+\cdots+(n-2)+(n-1)+n=\frac{n(n+1)}{2}$$

如果我们用 1,2,3,… 依次代替等式中的 n，我们就得到

$$1=1$$
$$1+2=3$$
$$1+2+3=6$$
$$1+2+3+4=10$$
$$1+2+3+4+5=15$$

…………………………

称上面等式右端的和数

1,3,6,10,15,…

为三角数，我希望下面这些图能说明这样称呼它们的原因：

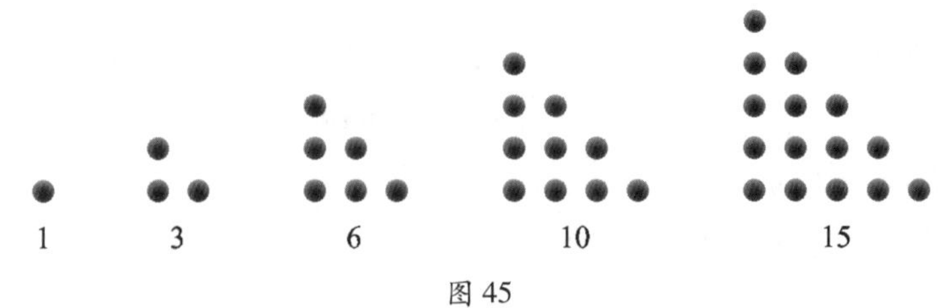

图 45

看上去很可爱。

也可以更精致地画成下页的情形。

——恰好说明前面的五种情形。

从图中我能看出为什么称这五个数为三角数。

而且我认为，这些图也表明了为什么通过增加一行，而每行比前一行多一个黑点，能够保持三角阵形。

的确表明了。

三角数	三角形	和
1 =		= 1
3 =		= 1+2
6 =		= 1+2+3
10 =		= 1+2+3+4
15 =		= 1+2+3+4+5+6

图 46

你能不能看出第一个三角形同时也是一个正方形，而其余四个三角形的点都不能重新排列成正方形？

我能；从数的角度看，这是显然的，3，6，10，15 没有一个是完全平方数。

当然。现在我们来寻找所有同时又是平方数的三角数。

还有其他这样的数吗？

多得很。让我们采取系统的方法，看看该从何入手。

这要用到比较多的代数方法。

是的，不过我们会有意外的惊喜，它将节省我们大量工作。

意外？我要好好注意。

我们想知道对怎样的 n 值，有

$$1+2+3+\cdots+(n-2)+(n-1)+n=m^2$$

这里 m^2 代表一个完全平方数。同意吗？

是的。你不能把这个等式的左边用高斯公式进行代换吗？

可以，现在就做这个工作，我们得到

$$\frac{n(n+1)}{2}=m^2$$

或者

$$n^2+n=2m^2$$

这个等式能唤起你的记忆吗?

它不是与我们在街道问题中所遇见的等式

$$T^2+T=2h^2$$

一样吗?

是的。用 n 代替街道房子总数 T,而用 m 代替所求房子的门牌号 h。

这是否意味着两个问题相同?

无论这两个问题是否相同,它们的答案肯定是相同的。

数 T 现在变成 n,答案 h 变成 m。这就是你所说的意外的惊喜吗?

正是。因为现在的问题与前面难题答案相同,所以我们知道它的解。

所以数列

$$\frac{1}{1},\ \frac{8}{6},\ \frac{49}{35},\ \frac{288}{204},\ \frac{1681}{1189},\ \cdots$$

包含了我们所需要的全部信息。

正如我们已经知道的,第一个分数告诉我们,三角数 1 等于平方数 1。图示就是

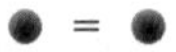

● = ●

图 47

左边的点表示第一个三角数,而右边的点表示第一个平方数。我知道,从视觉观点,它们并没有什么区别。

第二个分数$\frac{8}{6}$告诉我们,第八个三角数是平方数 $6^2=36$。

是的,它说明

$$1+2+3+4+5+6+7+8=36=6\times 6$$

——你可以用几何方法说明这个关系。

这是很有趣的工作。

看看该怎么说明,这会耗费你一点时间。

我想我能说明三角形怎样变成一个正方形。在下面的图中:

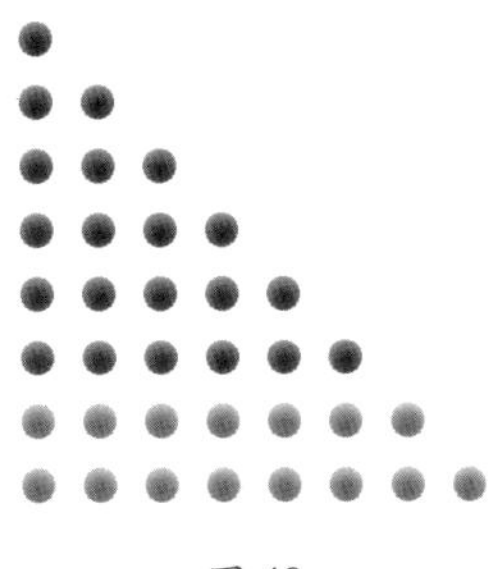

图 48

我用淡色的点表示大三角形的最后两行,与前六行相区别。这最后两行可以重新排成一个三角形,正如你能看到的:

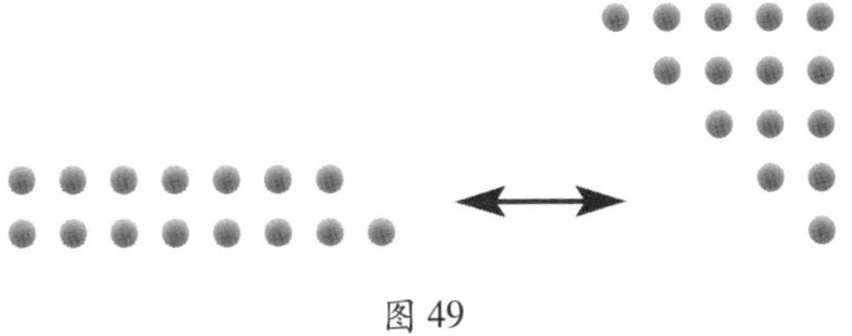

图 49

当我把这个三角形与前六行生成的三角形拼在一起时,我们可以看到原来有八行的三角形如何变成一个六乘六的正方形:

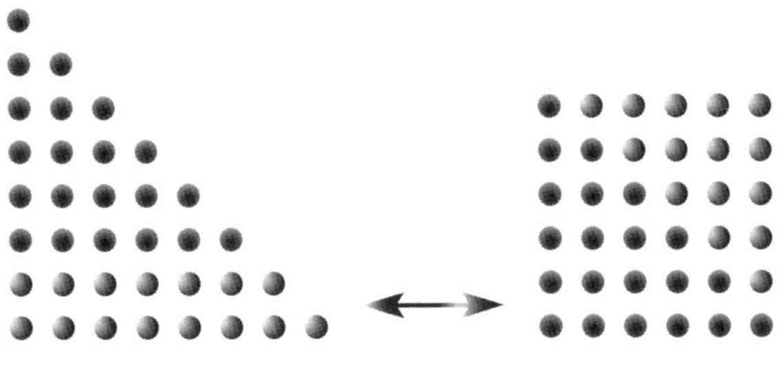

图 50

做得很好。你的图还说明了一个六乘六正方形如何重组为一个大的三角形。左边大三角形的最后两行形成又一个三角形,补全直角边为六乘六的三角形的顶部而得到一个六乘六的正方形,这是很有趣的。

三角形底部两行淡色的点数是十五，是第五个三角数。这就意味着第五个三角数与第六个三角数的和等于平方数六乘六。

是的。还有些相邻三角数的和是一个平方数，你可以用算术方法或者几何方法先试着检查一下，然后用简单的代数方法证明结论的一般性。

我后面再尝试代数证明，而照我看，几何证明就是说明它能形成一个正方形。

的确是这样。根据现在的情形，我们还能构造一个例子，表明两个相邻三角数的和是另一个三角数。但并非任何一对相邻三角数相加都能得到另一个三角数。

我知道。在现在的情形，第五和第六个三角数相加得到第八个三角数：

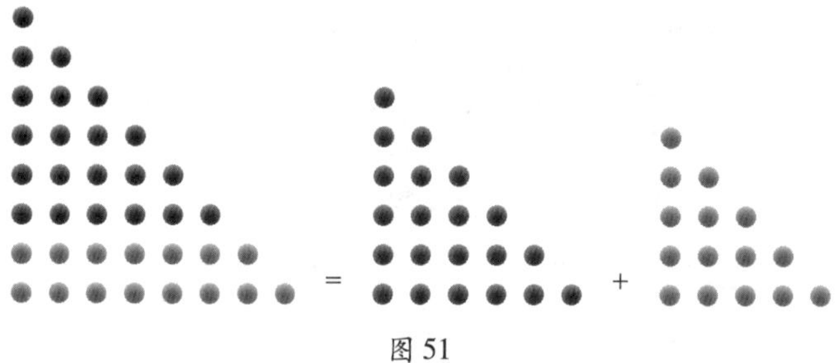

图 51

而目前这个问题的下一个解将给我们另一个这样的例子。

是的。让我们列出所有细节。

好。数列

$$\frac{1}{1}, \frac{8}{6}, \frac{49}{35}, \frac{288}{204}, \frac{1681}{1189}, \cdots$$

中第三个分数是$\frac{49}{35}$。这个结果告诉我们，第四十九个三角数 1225 也就是和式

$$1+2+3+\cdots+47+48+49$$

可以表示为：

图 52

它也是第三十五个平方数，$35^2 = 1225$，可以表示为：

图 53

是的。现在这个有三十五行、每行三十五个点的正方形又可以分割为两个三角形：一个有三十五行，每行的点数从 1 到 35，另一个有三十四行，每行的点数从 1 到 34，你可以从图 54 里看到。

是的，沿一条对角线切正方形，让对角线上的点成为三角形的一部分。所有这些说明，第三十四和第三十五个三角数合成第四十九个三角数。

是的。因为第四十九个三角数的前三十五行可以形成第三十五个三角数，于是第 36 到第 49 行可以形成第三十四个三角数。

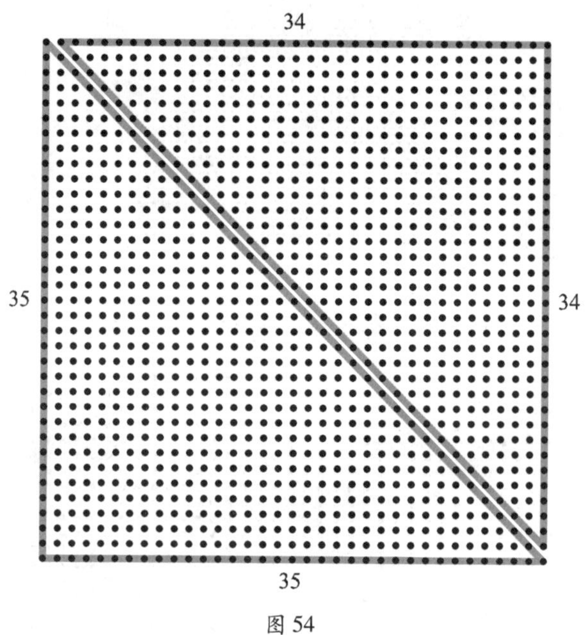

图 54

能不能留下第四十九个三角数的前三十四行形成第三十四个三角数，而使第三十五到第四十九行形成第三十五个三角数？

当然也行。在房子－街道问题中，我们有

$$\mathbf{1+2+3+\cdots+32+33+34=36+37+38+\cdots+47+48+49}$$

——这个等式告诉我们，在一条共有四十九所房子的街道上，门牌号 35 的房子前面所有房子的门牌数之和等于它后面所有房子的门牌数之和。

这是我们已经知道的。

这个结果告诉我们第四十九个三角数的第三十六到第四十九行能形成第三十四个三角数。

因为这个等式表明它们与 1 到 34 有同样的和。

现在把 35 加到等式的两边，得到

$$\mathbf{1+2+3+\cdots+32+33+34+35=35+36+37+38+\cdots+47+48+49}$$

哦,我明白了！这个新结果告诉我们第四十九个三角数的第三十五到四十九行可以形成第三十五个三角数。

现在有一个对你的挑战:请你解释,为什么数列

$$\frac{1}{1}, \frac{8}{6}, \frac{49}{35}, \frac{288}{204}, \frac{1681}{1189}, \cdots$$

中分数的分子总是以完全平方数和完全平方数的两倍交替出现。

我很高兴你告诉我这些分子有这个特点。它激励我,就像有一个核桃必须咬碎。不过我打算在解决你已经给我的四个问题之后再应对这个挑战。

好,只要它能给你以激励。

5.6 幂次的相等

你曾经提到过,还有很多方法可以证明$\sqrt{2}$的无理性。

是的,这里就有一首证明$\sqrt{2}$无理性的诗:①

平方加倍不会是平方,原因且听我细说端详:

如果 m 平方等于 n 平方乘 2,素因数便是我们考察对象。

分解式的左边像模像样,个个把偶指数扛在肩上,

然而右边 2 的幂次必为奇数,因此总有一边要去泡汤。

我记得在讨论队列问题的时候曾说过"平方加倍不会是平方"这句话,我知道其中的原因。

其实在我们证明$\sqrt{2}$不能表示为两个整数之比的时候就已经指明了这一点。

这首诗的后三行要告诉我们之所以不可能的另一个原因,是吗?

是的,这个证明依据一个基本事实,即任何自然数可以唯一地表示为素数的乘积。当然,其中素数的排序可以不同。

我看到素数这个词出现在第二行。所以这个证明依赖于算术中的结论,是吗?

这个证明用到我刚才陈述的结论,称这个结论为算术基本定理。

这个名称听起来好像很重要。

的确很重要,但我们几乎可以不假思索地承认它。例如,当我们写下

$$6664 = 2 \times 2 \times 2 \times 7 \times 7 \times 17$$

或者更简单地写作

$$6664 = 2^3 \times 7^2 \times 17$$

我们从来没有想过数 6664 可能具有与等式右边表达式不同的"素因数分解"——除了因数的次序可以不同。

的确无法想象 6664 能写成另一些素数的乘积。

① 作者是莫里斯·马科维尔(Maurice Machover),见本章注释 2。——原注

基本定理精心建立了分解的唯一性。

为什么称它为基本的?

我们经常运用它,甚至没有体会到这一点。例如,若

$$35 = a \times b$$

这里 a、b 是大于 1 的自然数,关于 a 和 b,你能说些什么?

我会立刻说 $a=5$,$b=7$,或者 $a=7$,$b=5$。

很自然,但当你作这个结论的时候,你已经假定了因数分解的唯一性。

既然你这样说,我想的确如此。

我们回到那首诗。第二行的前半句翻译为

$$m^2 = 2n^2$$

而同一行的后半句告诉我们,现在应该查看自然数 m^2 和 $2n^2$ 的素因数分解。

我们如何理解第三行"分解式的左边像模像样,个个把偶指数扛在肩上"?

好,诗里没有显示分解,你想想,作者指的是什么?

根据你刚才所说的,我猜想,他是指 m^2 的素因数分解,因为它在等号左边。

读这首诗的时候,我也是这么想。你知道指数**这个词指的是什么吗?**

我知道。在 6664 的分解中,素因数 2 的指数是 3,而素因数 7 的指数是 2。①

正确,在这个分解中,素因数 17 的指数是什么?

我猜想它是 1。

是的,尽管它没有明确地写出来。我们继续讨论。

他说"个个把偶指数扛在肩上",他指的是什么?

在 6664 的素因数分解中,因数的指数都是偶数吗?

不。事实上只有一项的指数是偶数,即素因数 7 的指数。

① $6664 = 2^3 \times 7^2 \times 17$——原注

他是说 m^2 的分解中所有因数的指数必须是偶数。你知道为什么吗?

哦,我想现在我知道了。例如,把 6664 平方,得到

$$6664^2 = 2^6 \times 7^4 \times 17^2$$

因为把一个写成指数形式的数平方,只要把指数翻倍。

正确。因此你推得什么?

无论在 m 的素因数分解中各因数的指数如何,它们可以是奇数或者偶数,在 m^2 的素因数分解中,所有因数的指数都将是偶数,这是因为任何自然数的两倍都是偶数。

这是问题的关键。现在我们明白了第三行的含义。

于是,如果我们能够将"右边 2 的幂次必为奇数,因此总有一边要去泡汤"正确地解密,我们就证明完毕。

我也这样想。

"右边 2 的幂次必为奇数"指的是什么?

幂是指数的另一种说法。他是说,等号右边 $2n^2$ 的分解中,2 的指数必定是奇数。如果你能看出这是为什么,我们的工作就完成了。

我能看出它的原因。如果数 n 有一个素因数 2,无论2 的幂次是什么,在 n^2 的分解中,2 的幂次就是原来的两倍,所以是偶数次幂。例如,如果 n 的素因数分解含有 2^3,那么在 n^2 的素因数分解中就含有 2^6,对吗?

非常准确。

好,那么 $2n^2$ 的素因数分解就包含素数 2 的奇数次幂。在我的例子中,$2n^2$ 的素因数分解中必定包含 2^7。

正确。但为什么这个结论能推翻假定?

在等式

$$m^2 = 2n^2$$

左边 m^2 的素因数分解中,所有因数的幂次都是偶数,但在等号右边 $2n^2$ 的素因数分解中 2 的幂次是奇数。所以等式左右 2 的幂次不相等。

非常出色。但如果 n 没有素因数 2,那将如何?

同样简单。在这种情形,$2n^2$ 的素因数分解中有 2^1(2 的奇数 1 次幂)而在 m^2 的素因数分解中却没有这个奇次幂。

两种情形,右边 2 的指数总是奇数。

正如诗里所说的。

可以这样总结:如果素数 2 不出现在 m 的分解中,则 m^2 的素因数分解中也不出现 2 的任何幂次。当我们把

$$m^2 = 2n^2$$

中的 m 和 n 用它们各自的分解代换,左边没有 2 出现,而右边至少有一个 2。

正是这样。

而这不可能发生,因为 $m^2 = 2n^2$ 说明 m^2 和 $2n^2$ 是同一个数。根据算术基本定理,一个数不可能有两个不同的素因数分解。

这里就出现了问题。

是的,因为我们刚才推得等号一边没有 2 而另一边至少有一个 2,"因此总有一边要去泡汤,"这就是最后一行的后半句所说的。

如果在 m 的分解中不含 2,一个矛盾就产生了。而如果在 m 的分解中含有 2 的某个幂,那么 m^2 的分解中 2 的指数必定是偶数,不可能与等号右边 2 的奇次幂相等。

于是又一次,等号左右 2 的幂次不一致。

于是同样产生矛盾。

现在我们明白了一首小诗怎样证明了 $\sqrt{2}$ 的无理性——2 的幂次不相等——很吸引人的证明。

5.7 无限递减

我更喜欢$\sqrt{2}$无理性的另一个证明，现在证给你看，希望你能从中认出熟悉的东西。

再一次全神贯注。

就像我们在第一个证明中所做的那样，假设有两个自然数，譬如说 m 和 n，使得

$$\sqrt{2}=\frac{m}{n}$$

但这一次我们将沿着不同的方向证明，是吗？

是的。从我们早先的观察 $1<\sqrt{2}<2$ 开始。用分数$\frac{m}{n}$代替$\sqrt{2}$，因为我们假定它们相等，于是得到

$$1<\frac{m}{n}<2$$

这一步很简单。

现在用正整数 n 乘这个不等式的两端，得到

$$n<m<2n$$

仍然很简单。下一步做什么呢？

从不等式的三项中都减去 n，得到

$$0<m-n<n$$

让我看一看。$n-n=0$。对，$m-n$ 就是它自己而 $2n-n=n$。我知道这也很简单，但我想确认我弄清楚了。

总之，如果$\sqrt{2}=\frac{m}{n}$，那么

$$\begin{aligned}1<\sqrt{2}<2 &\Rightarrow 1<\frac{m}{n}<2\\ &\Rightarrow n<m<2n\text{（因为 } n>0\text{）}\\ &\Rightarrow 0<m-n<n\end{aligned}$$

这里有两点要记住：m 是 n 和 $2n$ 间的一个数，而 $m-n$ 是一个比 n

小的自然数。

我努力记住,但我看不出为什么我们要做这些事。

当然,目前还看不出。现在下面的关系也成立

$$n < m \Rightarrow 2n < 2m \Rightarrow 2n - m < m$$

这里 $2n - m$ 是一个自然数。

我能理解这些代数表达式,直到最后一步,但让我想一想为什么 $2n - m$ 是自然数,它不会是负数吗?

不会,因为我们刚才已经说明 m 严格小于 $2n$,所以 $2n - m$ 是正的。

你用了第一步推理的部分结果。

这很重要。现在我想由此推得我需要的关系。我们已经指出

$$\sqrt{2} = \frac{m}{n} \Rightarrow 2n - m < m \quad \text{以及}\ 0 < m - n < n$$

这里 $m - n$ 和 $2n - m$ 都是正整数。

为领会这些不等式已经耗费了不少时间,我倒想看看这些不等式将把我们引向哪里。

再推导一个关系,我们就能得到结果。而我们工作的第一阶段就将接近尾声。

仅仅第一阶段?

是的。现在请注意看。我将和你讨论后面所有的步骤。

$$\begin{aligned}\sqrt{2} = \frac{m}{n} &\Rightarrow m^2 = 2n^2 \\ &\Rightarrow m^2 - mn = 2n^2 - mn \\ &\Rightarrow m(m - n) = n(2n - m) \\ &\Rightarrow \frac{m}{n} = \frac{2n - m}{m - n}\end{aligned}$$

你都看明白了吗?

第一步我以前曾见过。第二步也正确,这是因为从等式两边减去了同一个量 mn。

我很高兴你能看懂。

第三步是对前式的两边进行因式分解。最后一步你用 $n(m-n)$ 除等式两边，而 n 和 $m-n$ 都是正的量。

n 和 $m-n$ 都是正的，这很重要。

但我想再问一次，我还是不知道你为什么采取这些特殊的步骤。

我知道，我至今没有解释做这些工作的原因。如果你能再耐心等待一会儿，就会真相大白。

好吧。

现在我们又有

$$\sqrt{2}=\frac{m}{n} \Rightarrow \sqrt{2}=\frac{2n-m}{m-n}$$

这个关系有什么用吗？

好像没有，不必多考虑。不过我不敢断定我发现了你希望我发现的东西。

说得很好，但以前你已经见过右边的分数，可能是用另外的字母表示。

哦！我很惭愧，我已经忘记了。表达式

$$\frac{2n-m}{m-n}$$

就是我们沿着基本数列倒推而得到的典型分数 $\frac{m}{n}$ 前面的一项。

正是，$\frac{2n-m}{m-n}$ 是 $\frac{m}{n}$ 前面一项。我曾经希望你认出它。现在请你用语言叙述蕴涵关系

$$\sqrt{2}=\frac{m}{n} \Rightarrow \sqrt{2}=\frac{2n-m}{m-n}$$

它是不是说，如果我们假设 $\sqrt{2}$ 等于分数 $\frac{m}{n}$，那么 $\sqrt{2}$ 也等于分数 $\frac{2n-m}{m-n}$？

是的，这里 m 和 n 是自然数。关于这个“新”分数的分子和分母你能说些什么？

它们也都是自然数。

当然，这很重要，但我们还能说些什么？回头看看我们第一阶段工作的结果。

在第一阶段你说明了

$$\sqrt{2}=\frac{m}{n}\Rightarrow 2n-m<m \quad 以及\ 0<m-n<n$$

我想我现在发现它们的意义了。

请你详细解释。

如果我理解正确，它告诉我们，因为 $2n-m<m$ 并且 $m-n<n$，所以新分数

$$\frac{2n-m}{m-n}$$

的分子比$\frac{m}{n}$的分子小，分母比$\frac{m}{n}$的分母小。

很好的发现，当$\frac{m}{n}$是基本数列中的分数时，情况就是如此。

我们要不要考虑这些分数是否是既约的？

问得好，答案是不。我们自动假定分数$\frac{m}{n}$是既约的，于是新分数同样如此。你可以参照我们前面处理单调递减的证明。

此刻我很乐意承认它是正确的。

于是在

$$\sqrt{2}=\frac{m}{n}=\frac{2n-m}{m-n}$$

中，表示$\sqrt{2}$的第二个分数的分子比第一个分数的分子小，第二个分数的分母也比第一个分数的分母小。我必须强调，所有这些分子和分母都是自然数。现在你如何处理这个结论？

根据我们沿基本数列倒推的经验，我怀疑这肯定是错的。我们不是说明了无论从哪个分数开始，倒推过程最终把我们引到一个分数，它的分子和分母不可能都是正数吗？

这里什么地方有错呢?

你不是特地说明了由倒推过程得到的分数

$$\frac{2n-m}{m-n} \leftarrow \frac{m}{n}$$

保持分子和分母都是自然数吗?

是的。根据所谓“无限递减”,我们不可能指望分子和分母始终都是正数。

我喜欢“无限递减”这个说法。

因为最初的 m 和 n 是正整数,这个不断减少的过程必定在有限步之后导致分子和分母不再都是正数。

很有说服力。

所以最后的总结是:当我们假设对某两个正整数 m 和 n,有

$$\sqrt{2}=\frac{m}{n}$$

我们就很容易推导出

$$\sqrt{2}=\frac{2n-m}{m-n}$$

这里 $2n-m$ 是严格小于 m 的正整数,而 $m-n$ 是严格小于 n 的正整数。

但我认为这个过程谈不上“容易推出”,对不起,我打断了你。

而关于无限递减的论断表明,分子或分母最终必定成为非正数,因此否定了全部假设,引出矛盾。

这是个很好的证明,我得庆幸以往学习了沿基本数列倒推的方法。

这是一个很好的想法。证明的许多现代版本一开始就假设,如果 $\sqrt{2}$ 能表示为分数 $\frac{m}{n}$,那么总可以令这个分数为最小的分数①,从而避免关于无限递减的推理。②

---

① 这里“最小”是指分子和分母都是正整数情况下的最小数。——译注

② 见本章注释3。——原注

听上去倒是合理的，但这样行吗？

可以，它的依据是正整数的所谓“良序原理”，原理表明，每一个非空正整数集合都有最小元。

这看来同样是显然的。

于是证明的加速版本利用蕴涵关系

$$\sqrt{2}=\frac{m}{n} \Rightarrow \sqrt{2}=\frac{2n-m}{m-n}$$

导出一个直接的矛盾：第二个分数比“最小”分数$\frac{m}{n}$更小。

又快又巧妙，你一定会这么说。

我们将结束对$\sqrt{2}$无理性几种证明的探究，我还想说明一点，有类似于我们讨论过的另一个方法，适当修改后，可以对任意不是完全平方数的自然数 n 证明$\sqrt{n}$ 的无理性。

能轻而易举地证明

$$\sqrt{2},\ \sqrt{3},\ \sqrt{5},\ \sqrt{6},\ \sqrt{7},\ \sqrt{8},\ \sqrt{10},\ \cdots$$

都如你所说是无理数吗？

是的。如果我们当初士兵方阵的人数不是扩充为原来人数的两倍，而是三倍，或者五倍、六倍，队伍同样不能排成正方形。

可能其他任何倍也都不能排成正方形。

如果原来士兵的人数扩充为四倍、九倍，或者对任意自然数 n 扩充为 n^2 倍，那么扩充后的队伍仍能排成正方形。

如果队伍人数增加到四倍，那么每行每列的士兵数就要增加到两倍。

对。如果教练员要增加每行每列人数到自然数 n 倍，那么队伍人数就要增加到 n^2 倍。

如果要增加每行每列人数到三倍，队伍人数就要增加到九倍。这对那个可怜的军事教官也算是一点安慰吧。

但愿如此。我们该继续工作了。

5.8 四个问题

你的四个问题完成得怎么样了?

为了取得进展我耗费了不少时间,因为一开始我以为我能依次解决它们。但我根本不知道如何着手解决第一个问题——用简单方法证明$\frac{1}{\sqrt{2}}$是一个无理数。我曾尝试照搬$\sqrt{2}$是无理数的证明过程,但我知道你要求的证明应该更容易。

你有没有什么直接的想法能解决另外几个问题?

是的,我想我知道第二个问题的一个直接解法。第二个问题是要写出一个数列,依次给出$\frac{1}{\sqrt{2}}$的有理数近似值。

你的解是什么?

因为$\frac{1}{\sqrt{2}}$是$\sqrt{2}$的倒数,我只要颠倒基本数列中分数

$$\frac{1}{1},\ \frac{3}{2},\ \frac{7}{5},\ \frac{17}{12},\ \frac{41}{29},\ \frac{99}{70},\ \frac{239}{169},\ \frac{577}{408},\ \cdots$$

的分子和分母,就得到数列

$$\frac{1}{1},\ \frac{2}{3},\ \frac{5}{7},\ \frac{12}{17},\ \frac{29}{41},\ \frac{70}{99},\ \frac{169}{239},\ \frac{408}{577},\ \cdots$$

它的种子也是$\frac{1}{1}$。我必须承认,尽管我相信结果正确,我还是用计算器做过一些检查。

你简单地倒置了这些分数。这个解得满分。

你需要一个严格的证明吗?

不,我们从问题中获得快乐,不管如何,你已经写下一个正确的数列,这就够了,这比你去证明更使我高兴。那么你又怎样得到$\frac{1}{\sqrt{2}}$的连分数展开式?

它首先吓我一跳,因为对来说,连分数展开式是新的知识,我一

度认为我无法得到它。但后来我想起,你曾经许诺容易找到答案。不过我还是花费了很多时间,才突然发现答案其实这么简单。

它有多简单?

它是一个分数,以$\frac{1}{\sqrt{2}}$的分子1作为分子,而以$\sqrt{2}$的连分数展开式作为分母,得到

$$\frac{1}{\sqrt{2}}=\cfrac{1}{1+\cfrac{1}{2+\cfrac{1}{2+\cfrac{1}{2+\cfrac{1}{2+\ddots}}}}}$$

这就是一个解。

做得很好,又一次满分。

我又花费了很多时间,揣测如何获得$\frac{1}{\sqrt{2}}$的小数展开式到你要求的160位左右。我的主要困难是我完全不知道如何处理

$$\frac{1}{\sqrt{2}}$$

尽管我们对$\sqrt{2}$作过许多计算。

后来是什么触动了你呢?

在讨论A-系列纸时你的操作。我记得当时你写过

$$\frac{2}{\sqrt{2}}=\frac{\sqrt{2}\times\sqrt{2}}{\sqrt{2}}=\sqrt{2}$$

我删去中间一项,留下两端的项,连接起来,得到

$$\frac{1}{\sqrt{2}}=\frac{\sqrt{2}}{2}$$

简单的结果突然出现了。

你搬走了主要的绊脚石?

是的。我发现$\frac{1}{\sqrt{2}}$正好是$\sqrt{2}$的一半,开始我几乎有些吃惊。

在数直线上，它正好是 0 与$\sqrt{2}$的中点。

一旦知道了$\frac{1}{\sqrt{2}}$是$\sqrt{2}$的一半，我发现要准确地得到它小数展开式的各位数字实际上很方便。只要把我们所得到的$\sqrt{2}$的 165 个数位的展开式除以 2，就得到

0. 7071067811865475244008443621048490392848359376884740365883398689953662392310535194251937671638207863675069231154561485124624180279253686063220607485499679157066 …

多么壮观。你用手算除法，没有出错吗？

它耗费了我几个小时。

三个问题都回答得非常出色。还剩一个问题要解决。

需要说清道理的一个。

对于这个问题，说清道理要比用数运算更好。

我要证明$\frac{1}{\sqrt{2}}$是无理数。我们知道$\sqrt{2}$是无理数，并且知道它是$\frac{1}{\sqrt{2}}$的两倍。

不错。

我用反证法。如果$\frac{1}{\sqrt{2}}$不是无理数，那么它是有理数。

是的，因为一个数或者是有理数，或者是无理数。

而一个有理数的两倍还是有理数。

正确。

于是推得$\sqrt{2}$是有理数，但我们知道它不是有理数。所以$\frac{1}{\sqrt{2}}$不是有理数，于是它必定是无理数。

优秀，最高分。

我很高兴。然而，我不能说它们很容易，尽管解出以后感到解法其实都如此简单明了。

我同意。必须寻找正确的解法，而这很费时间。

或许是要抓住灵光的闪现。

可以把数$\frac{1}{\sqrt{2}}$看作一个正方形的边长与它的对角线长之比。在三角学中，它是 45 度角的正弦和余弦值。

这就使其他无理数的存在也都能被感性地认识。

5.9 有理的与无理的①

作为最后一课，我们打算用某种数学方法来画一些图画。

好，这是与视觉相关的事情。

我们必须先学会如何运用这种方法，我才能原原本本地告诉你。然后我将考考你，看你能否在我们周围世界里发现与一幅特定图画相似的东西。

这是又一种测试。

我们首先指定一个点作为我们图画的中心，并且取由这点出发的向东的水平直线作为参考直线。这就是我脑子中的图画：

图 55

小圆点表示中心，直线是作为参考的基直线。

用直线参考什么?

将从这条直线开始作规定的旋转，你一定听说过旋转这个词。我们现在想做的，是在距离原点一个单位而与这条直线顺时针方向成 45 度角的地方作一个点。如图 56。

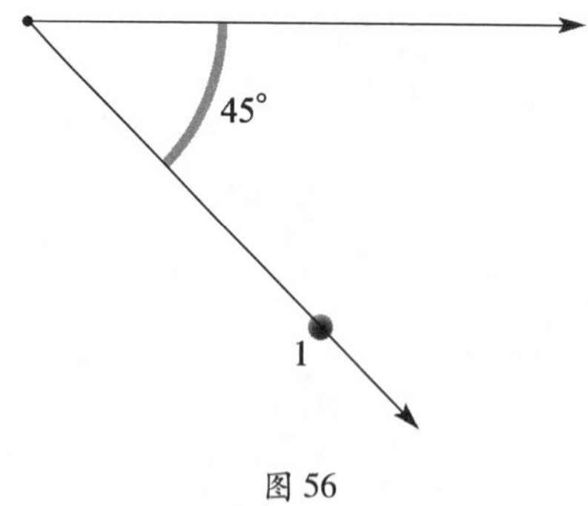

图 56

这幅图显示了这个点以及从中心出发经过这一点并与水平直线成 45 度角的一条直线。

① 见本章注释 4。——原注

明白了。

当我除去经过这点的直线和水平参考直线，我们将看见这样的情景：

图 57

或者在更小尺度下的情景：

图 58

这幅图并不引人注目。现在我们再增加一点，使它与已作的点顺时针方向成 45 度角。

与中心的距离和前一点相同吗？

不。这一次把点与中心的距离增加到$\sqrt{2}$个单位。下面是保留了作图痕迹的情形：

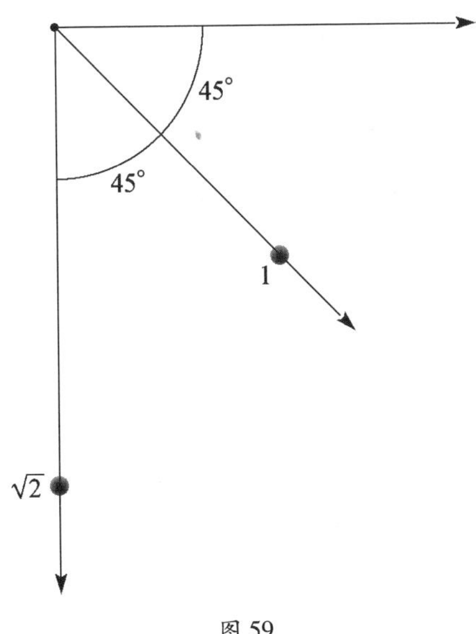

图 59

你知道我想的是什么吗？

是的。除去那些直线和标注以后，在更小的尺度下，就得到：

图 60

这就是我们想象中的图景。

目前的确如此。现在我们再增加第三点，使它与第二点顺时针方向成 45 度角。

与中心的距离是多少？

与中心的距离为$\sqrt{3}$个单位。下面是一幅完整的图，显示了此前所有的作图细节。

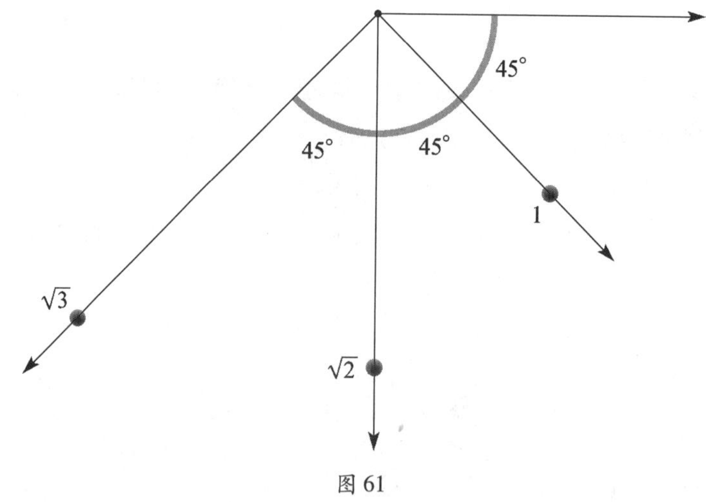

图 61

除去所有直线和标注，留下我们需要的点，就得到：

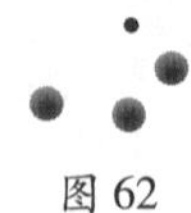

图 62

它似乎仍然不说明问题。

我猜想，我们是不是要按同样的方式，把增加点的工作继续做下去？

是的，每次增加一个点，使它与前一个点顺时针方向成 45 度角，而与

中心点的距离则是这个点的序号的平方根。

与中心点的距离越来越大吗?

是的。下一个点,也就是第四点,与中心点的距离是$\sqrt{4}=2$个单位,而与第三点顺时针方向成45度角。

于是第五点在此基础上再顺时针方向旋转45度角,而与中心点的距离是$\sqrt{5}$。

并按这样的规则继续画下去。下面是按这样的方案、围绕中心点作出的前八个点。

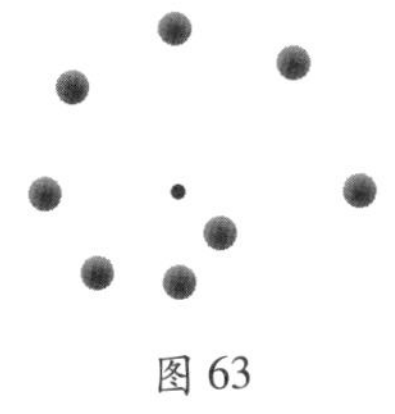

图63

你能看出一个螺旋形正开始生成吗?

我能,这一点很容易看出。

应该说明,因为$8\times45°=360°$,所以第八点在基准线上。

正好旋转一周。这是否意味着第九点与第一点在同一直线上,不过与中心点距离更远?

是的。第九点与基准线顺时针方向成45度角,与中心点的距离是$\sqrt{9}=3$个单位。而第十点与第二点在同一直线上,与中心点距离是$\sqrt{10}$个单位。

那么第十一点与第三点在同一直线上,与中心点距离更远,并依此类推。

下面的图显示按我们方案作出的前十六个点的位置分布。

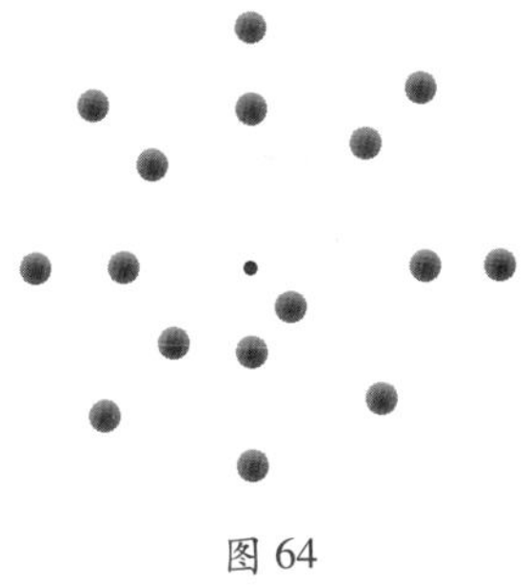

图64

外圈的螺旋似乎不明显，但换一种眼光看，像臂膀一样的图形正在生成。

伸出八条臂膀，每条臂膀上有两个点，是这样吗？

是的。下面的图显示前九十六个点的分布。

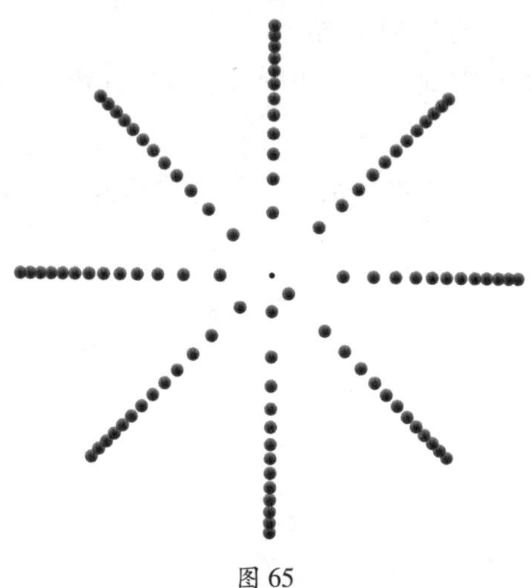

图 65

现在八条臂膀清晰可见，而只有接近图画中心位置的那些点勾画出螺旋形状。

我看得出。如果旋转比较小的角度，就能得到更多的臂膀。

不错。如果我们每次旋转 45 度角的一半，我们将得到十六条臂膀，就像下面的图：

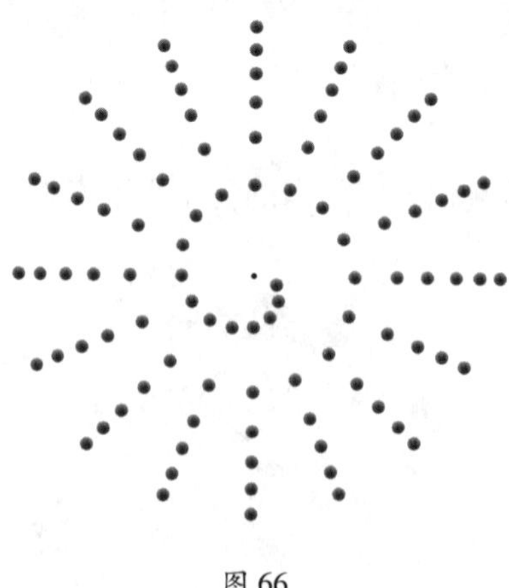

图 66

——又一个漂亮的图形，它的点从中心处展开螺旋。但只在第一圈螺旋是明显的。

有没有什么方法使螺旋更明显？

我们现在的旋转角等于圆周的十六分之一，或者 **0.0625** 个圆周，第十六点的位置在基准线上。由此开始，接下来的点就依次生成臂膀，臂膀在图中占了主导地位。如果取旋转角为 **54** 度，也就是圆周的 **0.15** 或者二十分之三，那么第二十点将在基准线上，这时已经旋转了三周。

于是我们就得到二十条臂膀，从第二十一点开始一直伸长。

在下面的图中，前二十个点用灰色表示。

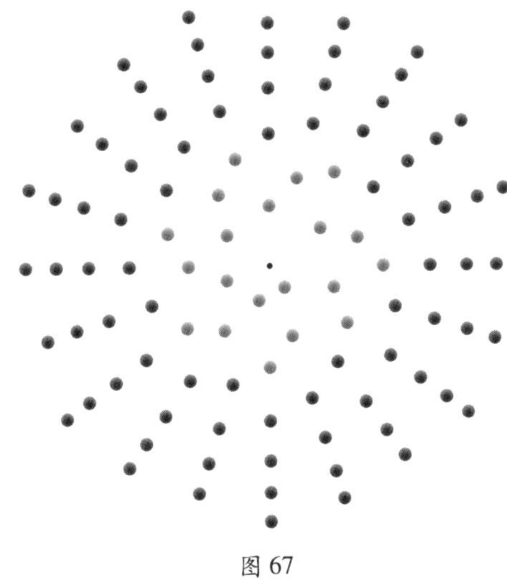

图 67

清晰地反映了需要旋转三周才能到达基准线。

让我检查一下。是的，你说得不错。

有趣的是，如果每次顺时针方向旋转 **54** 度，结果辐射出的每两条臂膀之间相差 **18** 度。另一方面，二十个 **18** 度的旋转使得第二十点位于基准线上，这时恰好旋转了一周。

这样更好吗？

为了回答这个问题，我把前一幅图中前二十个灰色点与每次顺时针方向旋转 **18** 度而生成的前 **20** 个点同时显示出来。下面是相关图，其中

小黑点表示中心点：

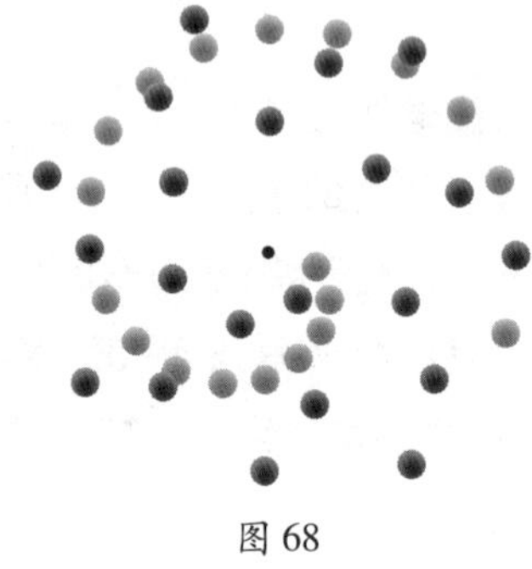

图 68

你注意到什么吗？

我注意到图中只有十八个灰色点显示出来，我猜想还有两个灰色点被黑点遮盖了。

是的。第十和第二十个灰色点被黑点遮盖了。你如何比较黑点与灰色点的分布？

我想说，更多黑点不是围成一圈，而是比较接近中心，但这么说也不对，因为据我所知，就距离而言，黑点与灰色点可以一一对应。

是的，尽管从图上看仿佛并不如此。那么我们该怎么说呢？

看来黑点比灰色点围绕中心点分布得更好。

不错，黑点更好地利用了空间。可以打个比方，黑点是二十所房子的一个分布，灰色点是二十所房子在同样区域内的另一个分布，那么我想，二十个家庭的群体势必会选择黑点的分布。

我也这样想。

当然这是考虑到保持彼此间的距离，能有相对独立的居住环境。大多数人可能会认为灰色点对所分配土地的利用不合常理。

我相信他们会这样想。

所以按这个标准，每次旋转 54 度的方案比每次旋转 18 度的好。

这很吸引人。有没有某个旋转角达到最好的分布，不管这意味着什么？

我知道有的。但在我们对正做的事作一些更深入的讨论之前，暂时不告诉你。

好吧。

从以上讨论可见，为了合理利用空间，同样多的点，旋转某些角度使分布更好。

就如同上面的旋转 54 度比旋转 18 度好。

是的。一个圆周的$\frac{3}{20}$比$\frac{1}{20}$好，但只要我们选择旋转角为一个圆周的分数倍，无论哪一个分数，这样的时刻总会来临，即有某一点落在基准线上，由此开始生成臂膀。

你所说的这些容易看出吗？

容易看出。如果旋转角为一个圆周的$\frac{p}{q}$，这里$\frac{p}{q}$是既约分数，那么

$$q \times \frac{p}{q} = p$$

告诉我们，在旋转 p 周后，第 q 点将落在基准线上。你不妨用譬如说 55 度角检查一下这个论断。

好的。55 度角是一个圆周的$\frac{55}{360}$，约分后得到$\frac{11}{72}$，于是你说第七十二点落在基准线上，而这时旋转了整整 11 周。是这样吗？

是的。计算 $11 \times 360 = 3960$，正好是 55×72。

在这种情形，从图形中心辐射出七十二条臂膀，每两条臂膀间相隔$\frac{360}{72} = 5$ 度，是很美的图形。

的确很美。但在两条伸展的臂膀之间的楔形区域不再有点，这就导致留下很多空白，特别是在远离中心的地方。

我明白你的意思。

打个比方说，规划人员就不会选择每次旋转周角的有理数倍，因为这样得到的点的分布将造成大片无人居住区。[1]

---

[1] 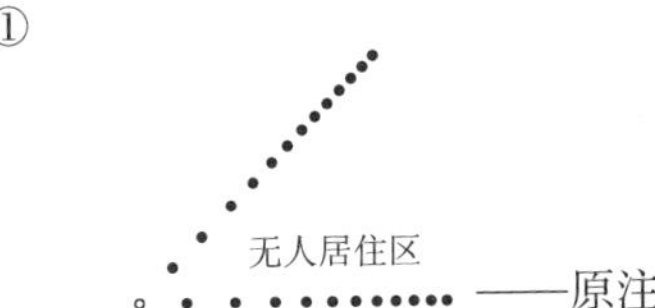

——原注

那么从合理分布的角度看，有理数倍就不可取了。

是这样。

有没有办法利用这些空白区域？

从理论上说有办法。

什么办法？

利用周角的无理数倍。

为什么你说"从理论上说有办法"？

因为在实际计算中，我们永远无法确定一个无理数，最终不得不采用有理数近似值。

这是很好的方法。

是的。

请你解释一下，为什么理论上周角的无理数倍比有理数倍好？

原因很基本又很简单，如果每次旋转周角的无理数倍，那么两个或者两个以上的点就永远不会落在从原点出发的同一直线上。

我想问这是为什么，尽管我知道我应该尝试自己去把它推导出来。

我会给你时间。假设取周角即360度角的r倍，这里r是无理数。这就意味着相邻两个点间的旋转角是$360r$度。例如r是有理数$\frac{3}{20}$，旋转角就是$360\left(\frac{3}{20}\right)=54$度。

我懂了。但我们现在要求r是无理数，而不是分数呀。

我知道。什么时候两个点会落在从原点出发的同一直线上？

第一个点被确定以后，按给定的旋转角旋转有限次，必须回到第一个点所在的直线。

的确是这样。如果旋转次数是一个整数m，将有什么结果？

那么$m\times(360r)$将等于周角的若干倍。

如果等于周角的整数n倍，我们能得到什么结论？

因为一个周角是360度，这就意味着

$$m \times (360r) = n(360)$$

由此得到

$$r = \frac{m}{n}$$

而这是不可能的。

为什么不可能?

因为这就表示 r 是一个有理数,而事实不是如此。

回答准确。

真是不可思议!就如同旋转钟面上的指针,竟没有两次能指向同一个方向。

的确如此。似乎难以置信,但却是事实。因此,这样的旋转必定使点在可利用的空间更合理地分布,胜过把这些点周期性地安置在固定的射线上,无论有多少这样的射线。

我同意你的看法。

我想,作为旋转角,现在该请我们的无理数老朋友$\sqrt{2}$来乘以周角,看看有什么结果。

5.10 $\sqrt{2}$之花

但$\sqrt{2}$比 1 大,它不适合作周角的倍数吧?

适合又不适合。旋转一个超过 360 度的角,就相当于朝相反方向旋转一个小于 360 度的角。

那么按顺时针方向旋转$\sqrt{2}(360)=509.11688\cdots$度就相当于按逆时针方向旋转 210.88312…度吗?

是的。如果我们希望仍然按顺时针方向旋转,也完全可以相应地旋转一个小于 360 度的角。

相应于周角的$\sqrt{2}$倍,就是顺时针旋转 149.11688…度。

这就表明我们取旋转角为周角的$\sqrt{2}-1$倍,要比取$\sqrt{2}$倍更好。

因为$\sqrt{2}-1$是无理数,这也是周角的无理数倍。

这是一个 0 与 1 之间的无理数,运用这样的旋转角作一百个点,就得到下面的图形:

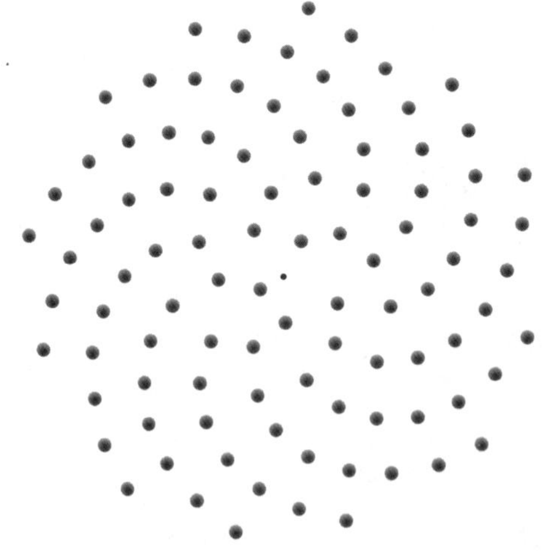

图 69

都是螺旋。如果在上面图中每间隔一点涂成灰色,就得到下面的图,螺旋更明显了:

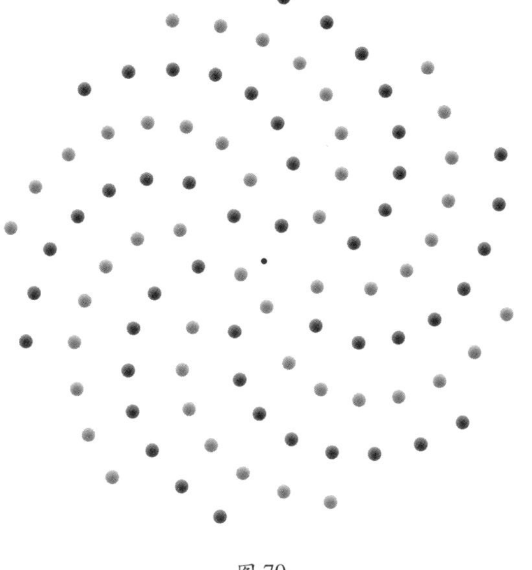

图 70

现在看不到辐射状的臂膀了。

我也看不到。这些点看来分布得很好。还能更好些吗?

我曾经读到过这个问题的答案,但在回答你之前,请你告诉我,你有没有发现自然界中类似于周角的$\sqrt{2}-1$倍而生成的点的分布?

这是从一开始讨论你就放在心里的问题吧。

是的。

你曾要求我建立这些用数学方法绘制的图形与自然界的联系,那时我就想知道联系在哪里。

有什么想法吗?

还没有。

如果每个点代表你在雏菊或者向日葵花盘中见过的芽孢或小花,能启发你想象吗?①

我从来没有仔细观察过这些花。

---

① 见本章注释5。——原注

雏菊或者向日葵花盘中小花分布的一个确切的模型就是我们所描绘的图形，其中典型点到中心的距离有确定的比——距离比例因子，而旋转角是周角的另一个无理数倍。

我想，这个距离比例因子由不同的花所确定。

或许是如此。而旋转角是周角的

$$\frac{1+\sqrt{5}}{2}$$

倍，这是数学中最著名的无理数，称为黄金比。

黄金？这个无理数一定很特别。

是的，不过这是另一个故事。有人称以周角的这个倍数作旋转角导出的分布为“黄金之花**”。**

很诱人的名字。那为什么不能称以周角的$\sqrt{2}$倍作旋转角生成的分布为“$\sqrt{2}$之花”？

当然可以，即便在植物世界里没有相对应的花。事实上，我们可以有一个想象中的庭院，种满以不同无理数为倍数旋转而生成的“无理数之花”。

而“黄金之花”必定是其中最优秀的。

现在可以回答你，就给出最佳分布而言，它是最优秀的。

这是个很好的原因。

像$\sqrt{2}$一样，黄金比位于 1 与 2 之间，我们从中减去 1，并用

$$\frac{\sqrt{5}-1}{2}$$

作为倍数。

我用计算器算得，这个数小数展开式的前几位是0.61803398…，乘上 360，积为 222.49223…

于是我们可以选择这个度数作为固定的旋转角，或从 360 度中减去它得到 137.50776…度，以此为旋转角。

这个特殊的旋转角将导出一个特别好的分布吗？

是的。让我告诉你，用连分数表示，有

$$\frac{\sqrt{5}-1}{2}=[0;1,1,1,1,\cdots]\text{，而}\sqrt{2}-1=[0;2,2,2,2,\cdots]$$

显然，在$\frac{\sqrt{5}-1}{2}$的连分数展开式中是无穷多个 1，而 1 是最小的正整数，这就使得以黄金比作为倍数能生成最好的分布。

我几乎忘记了我们关于连分数的讨论，不过这仍然使我着迷。现在，既然 2 是仅比 1 大的正整数，那么$\sqrt{2}$也是相当好的倍数了。

也许是如此。在这方面我也得更多地学习。现在我们不妨用一百个点来生成“黄金之花”，先欣赏它，再把我们的$\sqrt{2}$之花叠加上去，从视觉上来比较并评价这两种分布。

好主意。

这就是 100 个点的“黄金之花”：

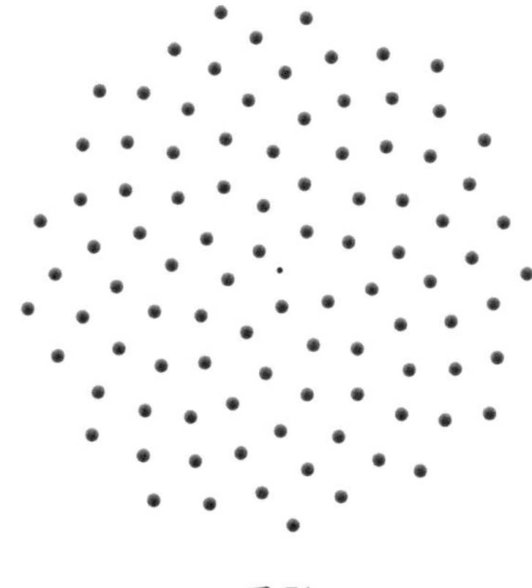

图 71

你作何想法？

看上去很好，很精彩。

再看看我们的$\sqrt{2}$之花与它相比如何。把它们放置在一起，“黄金之花”的点是黑色的，与之并排的是$\sqrt{2}$之花灰色的点。

你有什么想法吗？

很难说。看上去没有太大差别，大概“黄金之花”分布得更好一些吧。

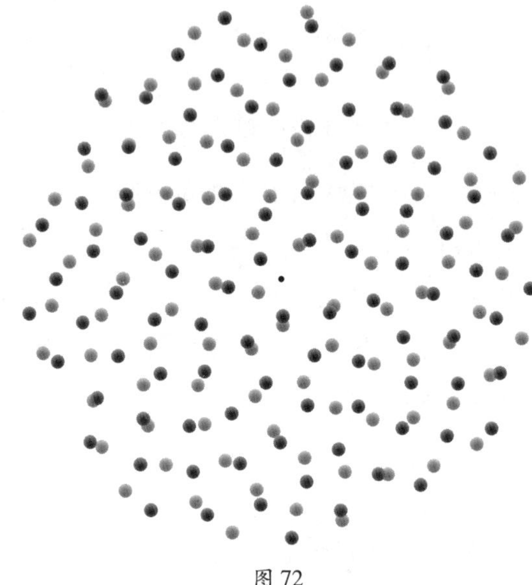

图 72

在视觉上更密集。看来二者都比由周角的有理数倍旋转得到的分布好。

它真正改变了我的观念。

为什么?

这一番特殊的讨论表明,无理数有时比有理数更优越。而我一直认为只有分数或者有理数才有广泛的应用。

从切分蛋糕到音阶都能找到有理数的应用。而$\sqrt{2}$和其他无理数则被视为难以处理的数,几乎仅仅为了满足好奇心才研究它们,而在解决实际问题时完全不需要它们,是这样吗?

也许吧,但有理数也有它们自己的缺点,正如这个点的分布问题所反映出来的。

而无理数就没有这个缺点。

我们的讨论启发了我,使我进一步认识了数的性质,我当然会抛弃以往的偏见。

尾　　声

是为我们的讨论画上句号的时候了。

这真是一次漫长的探索旅程,我从中获得许多教益。

如果你有收获,这的确是一次很有价值的旅行,我还从中享受了很多乐趣。

我也是如此,虽然一开始我以为谈论数只是我一时的兴趣。

即便果真仍如此,也没有人会责怪你。

起初我希望很快找出一个平方数恰好等于另一个平方数的两倍,但没有成功,我猜想就在那时,我已不知不觉地为此着迷。

哦,是的,正如有人所说:"数学是一口陷阱,一旦你落入其中,你就再也无法摆脱它,再也找不到一条路回到你开始研究数学之前的心境。"①

这么说来,我真的落入陷阱了,因为在经历了所有这些探索、观察和审慎的调查之后,我已经难以想象我曾经是怎样思考的。

这对你会有终身的影响!

我想是的。既然我对数学家如何思考、如何形成猜想、又如何把猜想安置在坚实的基础上都多了一些了解,我就再也不会草率地处理问题了。

① 见本章注释1。——原注

而通常这无非是简单地运用代数方法，正如我们一次又一次亲眼所见的。

更重要的是，我开始体会到，即使没有任何其他目的，思考问题本身就是极大的快乐。

各章注释

第一章

1. Christoff Rudolff 在他 1525 年的著作《未知量》中首次使用了根式记号（$\sqrt{\ }$）。$\sqrt{\ }$ 是拉丁文单词"根"——radix 第一个字母的小写 r 的象形。

   Fzra Brown, "Square Roots from 1; 24, 51, 10 to David Shanks", *College Mathematics Journal*, Vol 30, No. 2, 1999. 3., p. 94.

2. 一个变分方法，见 *The Number Devil*, p. 81, Hans Enzensberger, Granta Books, London, 2000.

3. Ezra Brown, "Square Roots from 1; 24, 51, 10 to David Shanks", *College Mathematics Journal*, Vol 30, No. 2, 1999. 3., pp. 83 – 84.

4. 根据 Choike [2] 的转述，发现者梅塔蓬图姆的希帕索斯（Hippasus of Metapontum）当时是在航海，他的随行者将他抛出船外。Boyer 的一个受限制的版本 [1, pp. 71 – 72] 则既描述了希帕索斯的发现，也作为一种可能描述了他被抛入大海的情形。

   D. Kalman, R. Mena, S. Shakriari, "Variations on an Irrational Theme—Geometry, Dynamics, Algebra", *Mathematics Magazine*, Vol 70, No. 2, 1997. 4., pp. 93 – 104.

   1. Carl Boyer, *A History of Mathematics*, 2nd ed. revised by Uta

C. Merzbach, New York, John Wiley & Sons, Inc. ,1991.

2. James R. Choike, "The Pentagram and the Discovery of an Irrational number", *College Mathematics Journal*, Vol 11, 1980, pp. 312–316.

5. 可除性的证明可见于欧几里得的《原本》,第 10 卷,(约公元前 295 年), §115a。

第二章

1. Markus Kuhn, *International Standard Paper Sizes*, http://www.cl.cam.ac.uk ~ mgk25/iso paper.html, 7/3/02.
2. 约翰·佩尔(John Pell)(1611—1685),杰出的教师与学者。十三岁进入剑桥大学三一学院,二十岁前就精通八种语言。他曾在阿姆斯特丹(1643—1646)和布雷达(1646—1652)任数学教授,又是克伦威尔派在瑞士的代表(1654—1658)。他于 1663 年当选为英国皇家学会会员。

   Continued Tractions, by C. D. Olds, New Mathematical Library, New York: Random House Inc., 1963, p. 89.

第三章

1.

$$\begin{array}{r} m+2n \\ m+2n \\ \hline m^2+2mn \qquad \\ +2mn+4n^2 \\ \hline m^2+4mn+4n^2 \end{array} \quad ; \quad \begin{array}{r} m+n \\ m+n \\ \hline m^2+mn \qquad \\ +mn+n^2 \\ \hline m^2+2mn+n^2 \end{array}$$

第四章

1. 可以将海伦方法看作下列命题在 $b=1$ 的特殊情形的一个应用:几何平均数居于调和平均数与算术平均数之间

$$\frac{2ab}{a+b} < \sqrt{a \cdot b} < \frac{a+b}{2}$$

2. 如果 $a>\sqrt{2}$,那么

$$\frac{1}{2}\left(a+\frac{2}{a}\right)-\sqrt{2}=\frac{a^2-2\sqrt{2}a+2}{2a}$$

$$=\frac{(a-\sqrt{2})^2}{2a}$$

$$\Rightarrow \frac{1}{2}\left(a+\frac{2}{a}\right)-\sqrt{2}<\frac{(a-\sqrt{2})^2}{2\sqrt{2}} \quad \text{因为 } a>\sqrt{2}$$

这个不等式表明,如果当前的近似值 a 满足

$$a-\sqrt{2}<\frac{1}{10^d}$$

那么下一次迭代的误差就满足

$$\frac{1}{2}\left(a+\frac{2}{a}\right)-\sqrt{2}<\frac{1}{\sqrt{8}}\frac{1}{10^{2d}}$$

即下一次迭代的误差小于当前近似值之误差平方的$\frac{1}{2\sqrt{2}}$倍。因此海伦算法是二次收敛的,并且每次迭代获得近似值的精确程度都达到前一个近似值的两倍小数位。

3.

$$\begin{array}{r}
m-\sqrt{2}n \\
p-\sqrt{2}q \\
\hline
mp-\sqrt{2}np \\
-\sqrt{2}mq+2nq \\
\hline
mp-\sqrt{2}(mq+np)+2nq
\end{array}
;\quad
\begin{array}{r}
m+\sqrt{2}n \\
p+\sqrt{2}q \\
\hline
mp+\sqrt{2}np \\
+\sqrt{2}mq+2nq \\
\hline
mp+\sqrt{2}(mq+np)+2nq
\end{array}$$

第五章

1. 拉马努金难题,*Number Theory with Computer Applications*, 摘自 R. Kanigel 的传记, *The Man Who Knew Infinity: A Life of the Genius Ramanujan*, p. 347.
2. Maurice Machover, St. John's University, Jamaica, NY, 11439, USA,并发表于 *Mathematics Magazine*, Vol. 71, No. 2, 1988. 4. , p. 131.
3. David M. Bloom, *A One-Sentence Proof That $\sqrt{2}$ Is Irrational*, from *Mathe-*

matics Magazine, Vol. 68, No. 4, 1995, p. 286.

4. 根据文章 *Golden*, $\sqrt{2}$, *and* π *Flowers*: *A Spiral Story* by Michael Naylor, 发表于 *Mathematics Magazine*, Vol. 75, No. 3, 2002. 6, pp. 163 – 172.
5. 归于 H. Vogel. 见 P. Prusinkiewicz & A. Lindenmayer 的 *The Algorithmic Beauty of Plants*, p. 100, Springer-Verlag, NY, Inc., 1990.

尾声

1. 摘自 T. W. Körner 的 *The Pleasures of Counting*, p. ⅷ, 他把这句话归于 E. Colerus 的 *From Simple Numbers to the Calculus*, Heinemann, London, 1955. 由德文翻译为英文。

致　　谢

我有幸感谢以下各位，他们以各种方式给我以帮助：

迈克尔·范迪克（*Michel Vandyck*），没有他就没有本书的发端，更没有它此后的面世。他十分认真地阅读了本书全部潦草的手稿，对我的整个计划产生兴趣并自始至终保持热情。

多纳尔·赫尔利（*Donal Hurley*），他一读到本书一份更早的草稿，就来信给我最热情的鼓励，我将永远珍视这份鼓励。

斯蒂芬·韦伯（*Stephen Webb*），本书的审阅人。在他赞许而又直言不讳的审稿报告中，他提出了关于提高书中对话质量的若干极为有效的方法（此后他又在信中不厌其烦地给我作详尽的解释）。这些建议都得以采纳，使得本书的质量有极大提高，使我得益匪浅。

德马克·黑尔（*Des Mac Hale*），我从前的老师和可敬的教授。我希望他用客观的眼光审视本书的修改。他耗费了巨大精力完成了我的托付。几周之内，我收到他关于本书方方面面的数页注记，其中包含许多新的见地。对于他富有感染力的教诲与这一次的真诚帮助，我要说声谢谢。

莎拉（*Sarah*），我们的女儿，也要多谢她。我委托她代表年轻人读这本书，并特别要求她坦率地告诉我她对书中文字的任何厌烦和不满。我相信（我知道我能够相信）她会怀着极大的热忱承担这个责任而不会顾及我的感受，使这本书更适合读者而不是适合于我。她对原稿仔细的阅

读和推敲使得数学内容更显清晰并消除了语言的沉闷。

伊莱娜(*Elaine*),我的妻子,我无论怎样感谢也无法与她给我的帮助相称。我必须请求她原谅。再令人愉快的工作,也可能因为一再反复变得繁重而使人厌倦。而我要求她不断为我校对屡经修改的草稿,就置她于这样的境地。在我写作的每一个阶段,她都是我忠实的伙伴,纠正我的拼写错误、语法错误和烦琐的重复,特别是当我用不同方式说理,而尚未从中挑选出最清晰的陈述之前,她从不休息。

普拉克西斯出版社的克莱夫·霍伍德(*Clive Horwood*),他相信本书将受欢迎,并推荐到纽约哥白尼书店,他知道他们对普及数学有特殊的兴趣。那里,保罗·法雷尔(*Paul Farrell*),时任总编辑,热情地接受了本书;文字编辑贾尼丝·博尔津多夫斯基(*Janice Borzendowski*),用独特的方法,丝毫不影响文本结构而增加了很多精美的点缀;版式设计和插图奇才乔丹·罗森布拉姆(*Jordan Rosenblum*),加之莎拉·弗兰纳里(*Sarah Flannery*)不可或缺的协助,他们在工艺美术方面对本书的帮助是不可估量的;戴维·科诺帕(*David Konopka*)设计了出色的护封;施普林格的资深制作编辑迈克尔·科伊(*Michael Koy*)保证了整个项目有序地进展,将这本书的精装版呈现在您的面前。